三维激光点云配准技术

刘明哲　李冬芬　王　涛　李　博◎著

科学技术文献出版社
SCIENTIFIC AND TECHNICAL DOCUMENTATION PRESS
·北京·

图书在版编目（CIP）数据

三维激光点云配准技术 / 刘明哲等著. —北京：科学技术文献出版社，2023. 7（2024.11重印）
ISBN 978-7-5235-0517-5

Ⅰ. ①三… Ⅱ. ①刘… Ⅲ. ①三维—激光扫描—应用—数据处理—研究 Ⅳ. ① TN249 ② TP274

中国国家版本馆 CIP 数据核字（2023）第 143039 号

三维激光点云配准技术

策划编辑：张　丹　　责任编辑：刘　硕　　责任校对：王瑞瑞　　责任出版：张志平

出 版 者　科学技术文献出版社
地　　址　北京市复兴路15号　邮编 100038
编 务 部　(010) 58882938，58882087（传真）
发 行 部　(010) 58882868，58882870（传真）
邮 购 部　(010) 58882873
官方网址　www.stdp.com.cn
发 行 者　科学技术文献出版社发行　全国各地新华书店经销
印 刷 者　北京虎彩文化传播有限公司
版　　次　2023 年 7 月第 1 版　2024 年11月第 2 次印刷
开　　本　710×1000　1/16
字　　数　134千
印　　张　8.75
书　　号　ISBN 978-7-5235-0517-5
定　　价　68.00元

前　言

三维激光扫描作为一种可以直接获取目标表面三维信息的传感技术，在目标检测、识别和重建等方面具有独特的技术优势。将基于不同视角下激光扫描设备采集到的多组三维点云进行旋转平移，把它们拼接为完整的三维点云模型，即三维点云配准技术。三维点云配准技术在计算机辅助技术、自动驾驶、城市建模、文物保护、医疗等领域应用广泛。

点云配准作为点云处理中的一个举足轻重的环节，已发展成为近年来的热门研究领域，国内外学者针对点云配准提出许多算法。然而，由于激光雷达、Kinect 传感器等现有扫描器件在获取完整的物体表面信息时，扫描得到的点云数据量庞大；而且受扫描环境影响，点云数据通常含有大量噪声；同时由于扫描视角、物体遮挡和设备型号等限制，使点云数据存在缺失及尺寸放缩等缺陷，导致现有配准方法配准效率低、精度差，无法满足现实工程应用要求。

现有的三维点云配准算法大多是基于统计学提出的，包括独立成分分析、高斯核函数、主成分分析等，算法性能参差不齐，且仅针对特定方向提高点云配准性能，无法满足各领域的配准需求。如何提高点云配准精度与效率是目前亟待解决的问题。因此，本书针对点云配准算法在实际工程中的应用难点，以提高点云配准算法精度为出发点，基于经典点云配准算法，围绕点云配准算法中的关键技术问题开展相关研究工作。

首先，基于数理统计相关性，提出了一种基于核典型相关分析的点云配准算法。该算法以统计学中对来自同一物体的多组变量计算相关性的方法为基础，以最大化相关系数为目标，从而对点云刚性变换关系进行求解。采用 FPFH 算法在源点云中搜寻目标点云的对应点云，使得源点云几何形态与目标点云尽量一致。采用核典型相关分析方法估算出源点云与目标点云的变换矩阵，并根据变换矩阵求解出旋转矩阵，进而求解出平移向量。利用开源数据与现场扫描数据在不同条件下同几种传统算法的配准结果进行对比，分析了基于核典型相关分析的点云配准算法在多种条件下的优点与缺陷。

其次，基于点云数据的概率分布特性，提出了一种基于柯西混合模型的点云配准算法。该算法不考虑两点云数据的对应属性，只需要根据点云数据本身的概率分布对刚性变换的几何关系进行求解。选用相同阶数的柯西混合模型分别对源点云与目标点云数据的概率分布进行拟合，将刚性变换下的点云配准模型拓展为柯西混合模型。根据贝叶斯公式和琴生不等式构造出极大似然函数，并采用期望最大化算法对混合模型中的各项参数进行更新直至收敛。利用最大权重对应模型的协方差矩阵求解旋转矩阵，进而求解出平移向量，并根据对应模型的中心点估算出放缩比例。利用开源数据与现场扫描数据在不同条件下同几种传统算法的配准结果进行对比，分析了该算法的特点，验证了该算法能有效地配准仿射情况下的点云，且具备良好的抗噪能力。

再次，提出了基于多种群遗传算法的点云数据配准。以基于遗传算法的点云数据配准方法为指导，首先通过多种群遗传算法将待配准点云数据进行分割，然后将分割得到的 5 组数据利用遗传算法进行优秀点集筛选，针对5组数据依据实验经验设定每组数据的遗传因子和移民算子值，最后将得到的5组优秀点集集合成下一代精华点集并代入ICP算法进行点云配准。通过实验证明了MPGA-ICP算法针对不同形变和点云数据条件下的配准鲁棒性较好，针对不同情况的点云数据仍能有效地提升点云配准的精度。

最后，提出了双通道最优选择模型DCOS，解决单一算法泛化性能弱的问题。通过求解2种单一点云配准算法的配准误差，计算算法权重，构建最优模型。在二维刚性、三维刚性、三维非刚性等不同类型点云数据中，根据实际需求，选择符合要求的算法，送入DCOS模型进行配准，并将其配准结果与单一点云配准算法比较。实验结果表明，DCOS相较于所选任意2种单一算法的配准误差均有所下降，证明了DCOS算法可以有效地提升点云配准精度，具有较强的鲁棒性。

本书基于点云的统计特性提出了基于核典型相关分析和基于柯西混合模型的2种新型点云配准算法，并基于多种群遗传算法改进了经典的点云配准算法，最后针对实际工程应用难点，提出了双通道最优选择模型，弥补单一算法泛化性能差的缺陷，为点云配准的实际工程应用提供了新思路。

本书由刘明哲主持撰写，刘明哲负责第1章、第2章、第8章的撰写，并对全书进行了校订，李冬芬撰写本书的第3章、第4章，王涛撰写本书的第5章、第6章，李博撰写本书的第7章。由于编者水平有限，尽管在撰写中力求准确，但不足之处在所难免，有待改进和提高，敬请读者批评指正。

目　　录

第1章　绪　论

1.1　问题提出及意义

人类对世界的认识由单一逐步过渡到立体，由于三维立体图形比文字和图像更具有表现性，二维图像数据处理技术已经不能满足社会对于可视化、信息化及智能化的更高需求。随着计算机图形学的发展，以三维点云数据为代表的三维图像处理技术逐步发展为人类认识世界的重要工具。通过数据采集设备获取到的目标物体表面海量点的集合即为点云，由这些散乱点集构成的空间几何形状称为三维点云模型。

具有代表性的三维点云数据的获取方法包括双目立体视觉相机、激光扫描、RGB-D 相机、合成孔径雷达等。激光扫描作为一种可以通过直接扫描目标表面来获取三维信息的传感技术，其采用非接触式的方式测量数据，由于可以在短时间内获取三维空间中物体表面信息的海量点云数据，因此，这种采集三维空间信息的技术拥有效率较高、误差较小、现实感较强烈等特点，为后续数据处理铺垫了良好的数据基础。相比于传统数据的表现形式，点云的独特之处在于其对物体的三维点云展现更切合人用肉眼观察实物的习惯，将目标物体以立体的形式直观地复现在计算机中，并且点云具有简单的数据结构，可以精确记录三维模型的几何结构与拓扑关系，避免了在传统处理过程中为了保留住点云的拓扑关系而施加的各种限制。

20 世纪 80 年代，一些学者将激光扫描（Light Detection and Ranging，LiDAR）用于三维点云数据的获取上，并随着计算机性能的不断提升与坐标测量技术的日益强大而发展至今。时至今日，激光扫描技术在逆向工程、计算机视觉、文物数字化、目标识别、医学图像处理等领域的运用越来越广泛。根据不同类型的载体，激光扫描可以分为星载激光扫描、车载激光扫描及用作遥感测绘的机载激光扫描。如现有的激光雷达扫描技术就是把传统的雷达技术同激光扫描技术进行结合而演化出的一种新生技术。与传统的雷达发射器所发射出的微波不同，激光雷达的原理主要是依据探头发射脉冲信号对被测目标进行照射，根据探头接收到的经过被测目标表面的反射信号，结合光学方程计算出目标物体与激光雷达的直线距离，再结合雷达的方位角和俯仰角，即可将被测目标的空间三维坐标计算出来。三维激光雷达扫描点云数据示意如图 1–1 所示。

图 1–1　三维激光雷达扫描点云数据示意

图 1–1 来自《光学学报》2018 年第 38 卷第 12 期的封面，图片展示了星载激光扫描地面山体体貌信息的结果，三维点云数据能够清晰地在计算机中反映出山体的体貌特征，完美地诠释激光扫描获取物体表面点云信息的优势。

实际三维点云数据获取会受到物体遮挡、压力、温度、仪器分辨率、多角度扫描坐标系变换等环境和设备因素影响，导致获取到的点云数据信息不完整、发生刚性或非刚性变换，其中，非刚性变换是指三维点云数据除平移旋转变换外，还存在一定形变，使人们无法一次性获得被测物体完整的三维数据信息。因此，对于数据信息不完整、发生刚性或非刚性变换的三维点云数据的配准方法是获取到完整三维立体模型的重点研究方向。

三维点云配准在各个领域都有代表性的应用实例：在医学领域中，通过提供生理信息的功能性身体图像（如正电子发射型计算机断层显像）和身体解剖图的结构图像（如计算机体层成像）以便将诊断、治疗和基础科学的信息比较联系起来（曹延祥 等，2016）；在工业领域中，通过逆向工程中的点云配准技术对复杂零件进行三维重建（Gonzalez-Perez et al.，2022）；在文化领域中，可对破损文物重新建模及孔洞修复，还原文物三维立体信息（Agarwal et al.，2019；Cui et al.，2021）；在城市规划领域中，可用于建筑信息模型（Building Information Modeling，BIM）建立、同步定位与地图构建（Simultaneous Localization and Mapping，SLAM）及自动驾驶等（Namouchi et al.，2021）。

三维点云配准是将 2 个不同坐标系下的点云数据通过参数计算找到变换关系，将 2 组点云数据变换到同一坐标系，使 2 片点云大致重合。点云数据配准示意如图 1–2 所示，其中，a 为配准前的点云数据，b 为配准后的点云数据。

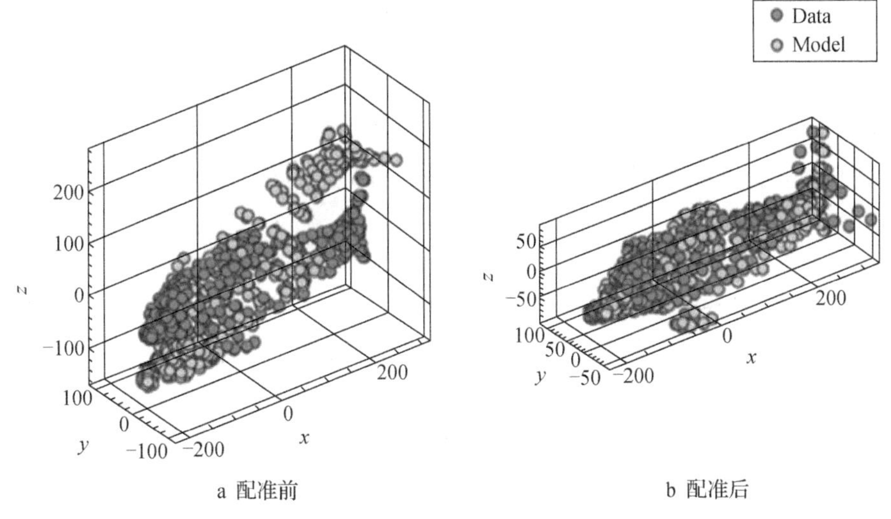

a 配准前　　b 配准后

图 1–2　点云数据配准示意

点云配准可分为人工配准、机器配准及自动配准，绝大多数情况下所提及的点云配准均指自动配准。配准过程包含数据采集、数据处理及模型重构。其中，数据采集是点云配准的必要条件，包括接触式采集和非接触式采集。数据处理是为后续点云配准过程做铺垫，包括数据去噪、数据分割。模型重构是点云配准的核心技术，包括缺失点云的修补、点云数据配准等，通过上述过程，即可获得较好的三维点云模型（孙萃芳，2018）。

点云数据配准是数据处理及模型重构的关键步骤，点云配准根据配准目的不同可分为粗配准和精细配准（Halber et al.，2017）。粗配准也可称为全局配准（Global Registration），主要研究任意初始位置的一对三维点云间的全局最优配准，使 2 片点云数据在精细配准前具有较好的初始位姿；精细配准也称为局部配准（Local Registration），是针对初始位姿较好的 2 片三维点云数据之间更精确的配准，粗配准可为精细配准提供良好的初始位置，而精细配准则进一步优化了粗配准的配准结果（熊风光，2018）。

点云配准算法相关研究起步于 20 世纪 80 年代，但研究初期的各种相关算法都存在较大缺陷，未找到实质性解决方案。直至 1992 年，Besl 等（1992）提出了经典的点云配准方法——迭代最近点（Iterative Closest Point，ICP）算法，该算法具有计算简洁、配准速度快等优势，在点云配准领域得到广泛应用，并在后续实际应用中不断优化改进。

针对不同种类的点云数据配准问题，非刚性变换的点云配准方法通常建立在刚性变化点云配准的基础上，因此研究刚性变换点云数据配准是点云配准技术的关键。即便在已知多组不完整信息的数据条件下，三维点云数据配准仍面临着变换参数运算复杂及噪声干扰等问题，2 片点云数据在配准的过程中可能陷入局部最优解导致配准失败。同时随着点云数据采集设备的不断发展，点云数据的体量不断增大，对于三维点云配准的各方面要求也在不断提高。因此，建立一种精度高、鲁棒性强的三维点云配准方法是三维点云配准的重要研究方向。

1.2 点云配准研究现状

1.2.1 点云处理理论

三维激光扫描技术采用非接触方式采集目标对象的表面属性点信息，数据形式称为点云。由于采集的数据量较大，且点云之间无明显的拓扑关系，故称为海量散乱点云。海量点云数据处理的理论技术主要包括以下 4 种。

1.2.1.1 点云去噪

由于数据采集的过程很容易受到仪器精度、空气质量、天气状况、扫描环境等原因的干扰，从而使获得的点云数据拥有大量无用的噪声点。存在的噪声点不仅影响了点云数据的排列密度，而且导致了被扫描物体的几何形态改变与数据的拓扑关系改变，这对后续的点云处理造成极大的负面影响。所以，点云数据降噪也是一个必要的研究点。

1.2.1.2 点云分割

点云分割的原理是根据点的特征（如法向特征、曲率特征等）进行相似性归类，能应用于很多场景中进行分割后分析，现有的大多数分割算法都是依据边界线的法向量、曲线的平滑度或曲率的凹凸等信息结合聚类算法进行分割。

1.2.1.3 点云压缩

正如前面所描述，数据量庞大是点云的一个鲜明特点，对其处理会涉及大量的运算，而代价是消耗足够多的时间，以及存储和读取所需要的足够容量。因此，既能够保留数据间原有的拓扑属性，又能够压缩冗余点，因此成为热门研究点。如此一来，随着数据量的减小，数据的处理速度提升，计算机资源也能大量节省，为后续处理特别是建模提供便利。

1.2.1.4 三维建模

数字模型的重建和分析涉及许多领域，如遥感和摄影、地理信息系统、娱乐业和逆向工程等。因此，使用三维激光扫描的其中一个目的是对珍贵物体的数字模型进行重建。

1.2.2 点云配准研究现状

1.2.2.1 基于ICP及其改进的点云配准算法相关研究

三维点云配准算法本质是计算2片点云之间的平移旋转变换参数，使源点云经过旋转平移与目标点云尽可能重合，从而实现2片点云数据的配准。通常将采集到的2片点云数据记为源点云与目标点云，其中，源点云为待配准的点云数据，目标点云是源点云配准的基准。常见的变换参数求解算法包括基于最小二乘法的迭代运算配准和基于正态分布变换、相干点漂移、最大似然估计的统计学原理配准（Jiang et al.，2020）。

Besl 等（1992）提出了ICP点云配准算法，利用单位四元数法求解源点云与目标点云最小二乘逼近的旋转变换矩阵和平移变换向量，通过求得的旋转变换矩阵和平移变换向量对源点云进行旋转平移操作，使得2片点云之间距离误差函数最小，实现点云数据配准。

ICP 算法实质是不断通过点与点之间的旋转和平移进行匹配，利用最小二乘法作为点与点之间距离的衡量标准，直至距离达到预设的阈值。因此 ICP 算法需要较好的初始条件，且易陷入局部最优解。针对 ICP 算法对初始条件要求过高，Biber 等（2003）提出了基于正态分布变换（Normal Distributions Transform，NDT）的点云配准算法，该算法将二维点云的配准与正态分布变换相结合，计算源点云与目标点云间的 NDT 值，不断优化通过 NDT 函数求得的概率值，调整点云数据位置，实现良好的配准效果。随着相应技术发展，二维点云配准不足以满足人们的实际要求，Das 等（2013）提出了针对三维点云的正态分布变换点云配准算法，将三维点云数据划分成多个三维立方体，将每一个立方体中点的数据转化为概率值，进行迭代优化直至配准完成。三维正态分布配准算法相较于二维配准算法需要求解更多的参数，因此引入空间参数这一概念，以便求得最优解。

Low（2004）提出了点对平面的点云配准方式，引入了切平面概念，将 ICP 算法中点对点的配准方式转换为 2 片点云组成曲面之间面对面的配准，提高了配准速度。Censi（2008）提出了基于点对线的配准方式，将 ICP 核心公式引入了曲线法向量，将非线性函数转化为线性函数，减少了迭代次数。图 1-3 为不同配准方式的配准示意，a 为点对点的配准方式，b 为点对线的配准方式，c 为点对面的配准方式。

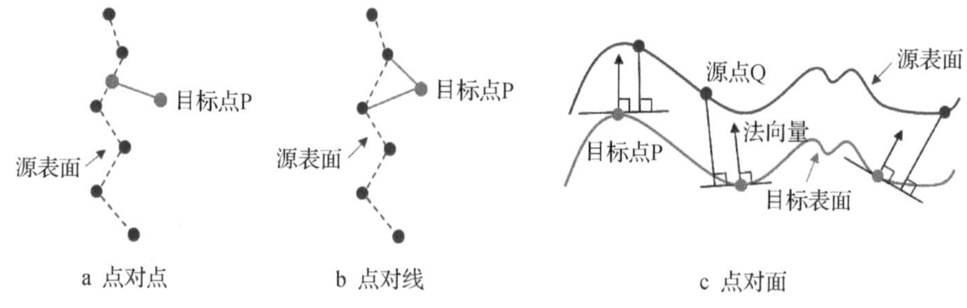

图 1-3　不同配准方式的配准示意

继经典 ICP 算法问世之后，研究人员受到 ICP 算法的启发，提出了不同点云配准方法。Myronenko 等（2010）提出了基于相干点飘移（Coherent Point Drift，CPD）的点云配准算法，通过设立一组源点云，计算目标点云高斯混合模型的质心，对其不断迭代计算强制其进行相干点飘移，使点云位姿进行变换从而达到配准的目的，该算法针对刚性变化和非刚性变化的点云配准均提出了有效的解决方案，并在刚性变换基础上加入了具有仿射变换点云数据配准的解决方案。

张晓娟（2012）提出了基于遗传算法的点云数据配准算法，将点云数据划分为类似等势线的扫描线，计算目标点云数据扫描线的曲率，随机产生1个初始种群，基于遗传算法产生新种群，迭代计算参数，直到连续多次数据匹配度都呈现稳定状态即完成配准，该算法仅适用于目标点云包含于源点云的情况，对于点云数据的初始条件要求过高，不具有普适性。

Elbaz等（2017）提出了基于深度神经网络自动编码器的三维点云定位配准算法，利用机器学习用于点云数据的配准，文献提出超点的概念将点云数据分割为多个小球体，并将分割好的数据进行平面投影以降低计算复杂度，采用深度神经网络对特征点进行数据压缩，最后利用ICP算法进行配准。该算法具有较好的鲁棒性，但针对不同参数条件下的配准有待进一步研究。

ICP算法主要包含以下缺陷：ICP算法要求源点云与目标点云至少部分重合，而实际获取的点云数据不能保证2片预配准的点云重叠。同时ICP算法依赖于初始数据的位姿，初始数据的位姿相差过大往往会陷入局部最优解，从而导致配准失败。另外，对于大规模点云数据配准，ICP算法通常需迭代多次才能得到满足条件的配准结果，而每次迭代计算均需重新查找对应点，导致配准时间过长、效率较低。为此研究人员对ICP算法进行了改进优化，以解决ICP算法自身存在的问题（Nishino et al.，2004；Xie et al.，2010）。

基于多分辨率的迭代最近点算法（Multiresolution Iterative Closest Point，M-ICP）是由Jost等（2002）提出的一种由粗到细的多分辨率方法，用来加速ICP算法，该算法降低了最近点搜索的复杂度，算法原理为：利用少量采样数据进行初始迭代计算，并逐次增加迭代分辨率，从而提升搜索速度。文献首先给出了3种不同分布情况下迭代增益数值的计算公式，并基于相关文献（Hugli et al.，1997）提出的一种比较成功初始配置（Successful Initial Configuration，SIC）的方法来验证算法性能。其次，分别将多分辨率与KD-tree和Neighbor Search结合进行实验，当多分辨率与KD-tree结合时，速度有所提升但不明显。当多分辨率与Neighbor Search结合时，对SIC范围有明显的增益效果。文章实验结果证明使用多分辨率与KD-tree和Neighbor

Search 结合搜索（尤其是与 Neighbor Search 结合）可使 ICP 算法配准速度得到显著提升。

基于最大似然估计的迭代最近点算法（Expectation Maximization Iterative Closest Point，EM-ICP）是由 Granger 等（2002）提出的一种在保持配准精度条件下提高配准鲁棒性和配准时间的 ICP 改进算法。文献首先给出点云数据的变化最大似然估计，针对噪声干扰，给出忽略匹配的最大似然估计转换，然后利用贝叶斯估计对上述公式进行优化。同时提出了上述 2 种方法的等价算法——EM 算法（Couvreur，1997）来确保算法的收敛性。EM-ICP 算法基于 EM 原理，混合高斯噪声，结合退火算法和球体抽取技术，建立近似 ICP 算法的新算法，改善配准鲁棒性和效率。文献选取异构但精确、均质但有噪声的 2 组不同数据进行实验。实验结果表明，该算法针对大型点云数据的粗配准效果较好，对点云数据精细配准的效果接近于 ICP 算法。

普适性迭代最近点算法（Generalized Iterative Closest Point，G-ICP）是由 Segal 等（2009）提出的一种由 ICP 算法和基于点对面 ICP 算法构成的概率框架，在保持 ICP 算法速度和简洁性的同时提高配准精度。G-ICP 算法介于标准和完全概率模型之间，适用于数据量较大的点云配准，从两次扫描结果中建立局部平面结构模型，是一种基于面对面的 ICP 算法。该算法基本原理为：对 ICP 算法中最小二乘函数附加概率模型，且保持 ICP 算法其余步骤不变。假设已找到 2 片点云的最近点，对于任意刚性变化给出通用公式如公式（1-1）所示。

$$T = \underset{T}{\operatorname{argmin}} \sum_{i} di^{(T)T}(C_i^B + TC_i^A T^T)^{-1} di^{(T)} \text{。} \tag{1-1}$$

其中，C_i^A 和 C_i^B 是与测量点关联的协方差矩阵，ICP 算法为上式的一个特例，即 $C_i^B = I, C_i^A = 0$；基于点对面的 ICP 算法是公式（1-1）的极限，即 $C_i^B = P_i^{-1}, C_i^A = 0$。最后对 G-ICP 算法、点对面 ICP 算法和 ICP 算法的平均误差进行实验对比，实施结果表明，G-ICP 算法对阈值不同的情况具有较强鲁棒性。该算法在不改变 ICP 算法整体框架的条件下，保持 ICP 算法优势的同时提高了算法的准确性，减少了错误匹配点的干扰，减小了阈值选择的代价，应用范围更加广泛。

基于尺度变化的迭代最近点算法（A Scale Stretch Method of Iterative Closest Point，Scale-ICP）是由 Ying 等（2009）提出的一种适用于尺度变化的改进 ICP 算法。文章通过引入具有上下界的比例因子，将 ICP 算法转化成

7D 非线性空间上的二次约束优化问题，并利用奇异值分解法（Singular Value Decomposition，SVD）对 ICP 算法的迭代过程进行优化以实现全局最优。首先，Scale-ICP 算法对点云数据集进行初始化参数求解，找到对应点，进行参数迭代计算直至满足收敛条件算法终止，输出最小值。其次，文章给出了 Scale-ICP 单调收敛于局部最优的证明过程，对如何选取好的旋转、平移和尺度初始值进行了讨论。最后，文献对 ICP 算法与 Scale-ICP 算法进行比较，实验结果表明 Scale-ICP 算法精确度高于 ICP 算法，此外选取了 5 个不同初始值进行实验，结果表明 Scale-ICP 算法对于尺度不同的点云数据配准具有较好鲁棒性。

基于全局最优的迭代最近点算法（Globally Optimal Iterative Closest Point，GO-ICP）是由 Yang 等（2015）提出的一种基于分支界限（Branch-and-Bound，BNB）理论的全局优化算法，该方法利用 BNB 原理提出配准误差函数的范围及上下界，结合 ICP 算法和 BNB 算法，在保证全局最优的条件下加快了配准的速度。文章首先给出了待优化改进的公式，然后介绍了 BNB 全局优化技术，并提出了将 BNB 从二维到三维数据应用的解决办法，引入不确定性半径推导出边界函数，最后提出 GO-ICP 算法，使用嵌套 BNB 减少数据集，避免多余操作，且给出算法终止的条件。对于全局和局部配准，文章选择了 10 个不同方位扫描的点云数据集，讨论了点数、噪声、收敛阈值及最佳误差的影响。实验结果表明，GO-ICP 不需要良好的初始值，在需要精确全局最优解或初始化数据不可靠的情况下算法十分有效。

基于几何特征的迭代最近点算法（Geometrical Features of Iterative Closest Point，GF-ICP）是由 He 等（2017）提出的一种基于几何特征的 ICP 改进算法。利用三维点云数据空间表面的曲率、法线和密度等几何特征进行对应点搜索，并将几何特征引入 ICP 算法误差函数表达式中，从而实现点云的精细配准。GF-ICP 算法步骤整体与 ICP 算法相同，区别在于在搜索最近点时采用点云数据的几何特征参数，若参数满足阈值条件，则认为两点为对应点。文章采用 3 种不同算法分别在 4 种环境条件下进行比对实验，针对点云的配准精度和速度，在部分重叠、存在噪声及大规模的点云数据条件下进行实验分析。结果表明，GF-ICP 算法迭代次数少、收敛范围大，在初始位置不理想或少量噪声的情况下能得到较好的配准效果。

基于 K 维树的迭代最近点算法（A K-dimensional Tree of Iterative Closest Point，KD-tree ICP）是由 Shi 等（2020）提出的一种基于 KD-tree 并结合点

云过滤和自适应烟花算法的 ICP 改进算法。该算法先对点云进行过滤并利用自适应烟花算法对点云数据进行粗配准，并将 KD-tree 与 ICP 算法相结合完成精细配准。文章首先讨论了点云数据的过滤方法，通过 KD-tree 找到对应点，计算对应点间平均距离并与设定距离相比较，剔除离群点，并提出了一种基于改进烟花算法的自适应爆炸半径机制用于精细配准。文章通过实验对 KD-tree ICP 算法配准误差和配准稳定性进行分析，并与其他算法进行比较。实验结果表明，本算法通过粗配准可得到较好的初始条件，从而使得精细配准的计算时间大大减少，在确保精度的同时提高了计算的速度，具有较好的稳定性。

1.2.2.2 基于统计分析的点云配准算法相关研究

为了避免 ICP 算法复杂的对应点搜寻过程，一些基于统计分析的算法相继被提出，如主成分分析法（Principal Components Analysis，PCA）（肖俊 等，2020）、独立成分分析法（Independent Component Analysis，ICA）（刘鸣 等，2019）、聚类分析法（周文振，2016）、因子分析法（Factor Analysis，FA）（Tang et al.，2020）、典型相关分析法（Canonical Correlation Analysis，CCA）（唐志荣 等，2019a）、高斯混合模型（Gaussian Mixture Model，GMM）（Jian et al.，2011；Li et al.，2017；林伟 等，2013）及多维混合柯西分布（Multidimensional Mixed Cauchy，MMC）（唐志荣 等，2019b）等，利用点云全局的统计特性对点云的概率分布进行描述。PCA 是一种将高维数据的运算转化到低维子空间运算的统计方法，是最重要的降维方法之一。由于 PCA 算法是在低维度下进行的，且具有较快的计算速度，所以常用来做点云的初配准。但由于实际扫描的多组点云之间的拓扑结构可能存在差异，导致了 PCA 算法本身具有很大的缺陷。ICA 算法根据 ICA 的基本原理，通过得到 2 组点云的独立分量、混合矩阵及幺正矩阵从而估算出旋转矩阵。而 FA 是结合高斯分布对 PCA 算法的一种改进，与 PCA 算法一样，ICA 算法具有较快的配准速度，但如果物体在 3 个坐标轴方向上的分布一致或差异不大，会影响配准的精度。CCA 算法是利用数理统计的思想，把点云的三维坐标分别视作 3 组变量，采用典型相关分析结合特征值分解计算出 3 对典型变量，使各维度间的相关系数达到最大，然而该算法不利于计算拓扑结构相差太大的点云。MMC 算法将点云数据模型转换为多维混合柯西分布模型，用数据中心点构造出特征四面体再进行配准，该算法能以较高的精度逼近点云分布模型，且配准效果较好，但其精细配准的精度受限于协方差矩阵的准确性。

GMM 是一种在点云配准中被广泛采用的概率模型。它的主要原理是假设点云中所有点均服从高斯分布，利用多个高斯概率密度函数作为核函数，并对核函数的分量进行叠加，从而达到对数据概率分布的拟合。由于 GMM 对数据概率分布具有良好的拟合能力，且鲁棒性强，故 GMM 被许多学者用于对点云的配准算法中。相干点漂移（Coherent Point Drift，CPD）算法（Myronenko et al.，2009）、全局最优高斯混合校准（Globally Optimal Gaussian Mixture Alignment，GOGMA）算法（Campbell et al.，2016）和正态分布变换（Normal Distributions Transform，NDT）算法（Biber et al.，2003；Hong et al.，2018）等均是基于高斯概率密度函数提出的配准算法，其中，CPD 算法在异常值和缺失点的情况下能准确配准，但是数据存在遮挡、缺失且带有噪声，无序点云的配准比较困难，并且经过实验分析，CPD 算法会导致目标点云的失真；GOGMA 算法采用 BnB 方法搜索三维刚体运动 SE（3）的空间，以保证全局最优性，然而，旋转矩阵限定于 SE（3）空间，很有必要进一步拓展其尺度配准特性；NDT 算法常被用来统计三维点的模型，通过优化目标函数达到最值来建立起 2 个点云间最佳的匹配程度，由于 NDT 算法避免了对关键点的复杂运算，因此在配准的时间上比某些现有方法快得多，但在原文中作者并未指出它是否适用于仿射点云配准。王畅等（2018）结合点云的统计学特性与形状的特征提出带方差补偿的多向仿射配准算法，将求解点云未知放缩因子的问题转化为带方差超定非线性方程组的求解问题，该算法配准效率高，但配准精度有待提高，且在点云数据点严重缺失和交叉数据点不够时，可能会使结果不理想，甚至失效。

在实际中，由于源点云与目标点云之间经常因存在相互遮挡的情况而导致配准变得复杂，为了克服此类条件下的配准问题，另外一类建立在点云表面的几何特征上的配准算法被相继提出，通过三维点云几何结构的曲面特性寻找两点云之间的对应关系，构造出关键点（张哲，2017；张少玉，2018），这类算法常用的统计特征方法有：基于点的特征直方图（Point Feature Histogram，PFH），构造被查询点与空间近邻点所构成的三维空间球体，通过数理统计的方法对被查询点邻域内的几何信息建立直方图进行描述，目标是使用被查询点周围点的平均曲率来编码该点的 k 个最近邻的几何属性（Zhao，2014；沈萦华，2015）；随机抽样一致性（Random Sample Censensus，RANSAC）算法也是当前一种比较通用的基于特征点的匹配算法，其原理是基于假设检验进行的，先通过降采样在点云数据中随机地选择 1 个点集，该点集在保持原有点集特征的基础上减少数据量，再对降采样后的点云数据进行模型检验，从而对模型的适应性数据进行评估，以此来保障该模型的正确性，通过不断循环地执行假设与检验步骤，以此估算出一个保障模型到达全局最优的参数（赵凯 等，2018）；尺度不变特征变换（Scale-invariant Feature Transform，SIFT）于 1999 年被 David Lowe 提出，是一种建立在尺度空间上用以提取图像局部特征的算法，后来被应用于三维点云中，该算法的本质是通过不同的尺度空间来对点云的关键点进行搜索，并把所提取出的关键点的方向全部计算出来，为后续对图像数据的处理所需要的关键点的方向、尺度和位置变换提供依据，再与 ICP 算法结合对点云进行配准（何群，2018）。

1.2.2.3 基于优化方法的点云配准算法相关研究

在点云的配准技术中，优化算法是一类常见的点云配准方式，如遗传算法（Genetic Algorithm，GA）根据达尔文式自然进化选择的原理，避免了掉入传统优化方法的局部最值陷阱，遗传算法的优化过程可以归纳为两步：第一步选择适量种群并对种群进行随机初始化；第二步重复自然选择的过程，直到满足参考条件。在自然选择的过程中，会根据种群的适应性选择最佳个体，以参与基因操作。它通过父母双方的遗传，基因重组（交叉）和突变来创造新的个体（平雪良 等，2010）。一旦满足终止标准，便从总体中选择最佳值。粒子群优化算法（Particle Swarm Optimization，PSO）在源点云与目标点云中根据曲率提取关键点，以关键点的法向量构造目标函数，采用粒子群优化算法结合 ICP 算法对目标函数进行优化，从而估算出旋转矩阵与平移向量。蜂群算法（Bee Colony Algorithm，ABC），首先根据曲率信息特征对点进行提取，然后通过蜂群算法对目标函数进行优化，从而得到可以使源点云与目标点云到达最佳重合的变换矩阵，最后在种群优化过程中根据曲率信息约束对应点寻找范围，缩小参与计算点云的规模（付鲲 等，2020）。还有一些其他优化的配准算法，如鱼群算法、萤火虫算法和蚁群算法等，这些优化算法可以较为简便地估算出旋转矩阵，但估算的精度取决于优化算法的初始化参数的设置，以及目标函数的选取。

1.2.2.4　基于神经网络的点云配准算法相关研究

随着神经网络的广泛应用，一系列基于神经网络的点云配准算法被提出，Aoki 等（2019）提出了一种基于 PointNetLK 的点云配准算法，认为 PointNet 本身可以被视作一种可学习的“成像”功能。因此，可以将用于图像对准中的经典视觉算法应用于点云配准中。舒程珣等（2017）将卷积神经网络运用于点云配准模型中，通过卷积神经网络对计算出的点云深度图像对搜寻其特征差，并以获取的特征差作为点集输入全连接网络，由此计算点云配准模型中的参数，重复迭代上述方法直至目标误差小于设定的阈值。然而，由于点云初始位置的限制，在没有一个较好的初始位置的情况下，神经网络配准成功的概率很低。

1.3　点云配准研究内容

从当前国内外学者的研究现状来看，点云配准领域还具有深入研究的需求和亟待解决的问题。第一，现有的大部分算法在配准时均依赖于点云有一个较好的初始位置，然而这种条件并非总是成立的，在初始位置相差过大的条件下，在配准过程中有陷入局部的最小值的可能性，进而引起算法提前收敛，这将会导致配准的结果错误。因此，如何摆脱初始位置的约束是提高配准准确性的一个重点且必要的研究方向。第二，大部分算法是通过提取点的属性，包括欧氏距离、法向量、特征值等来寻找对应关系，然而当数据存在缺失或处于噪声的环境下时，要得到完全相同属性的对应点是非常困难的。如何不采用对应点关系也是研究重点之一。第三，由于点云拥有非常大的数据量，现有的大多数算法需要花费大量的时间在对应点的搜寻过程中，因此需要提升配准算法的效率。

综上所述，目前对配准算法的研究主要聚焦在提升精度和提高效率 2 个方面。本书主要研究内容如下：

①基于数理统计的相关性，提出了一种基于核典型相关分析的点云配准算法，该算法以统计学中对来自同一物体的多组变量计算相关性的方法为基础，以最大化相关系数为目标，从而对点云刚性变换关系进行求解。通过将点云配准的高维运算映射为低维相关性的运算，从而降低运算量，提升配准效率。该算法的原理是：首先，采用 FPFH 算法在源点云中搜寻目标点云的

对应点云，目的是尽量减小因目标点云在几何形态上与源点云存在的差异所受的影响；然后，采用核典型相关分析方法估算出源点云与目标点云的变换矩阵，并根据变换矩阵求解出旋转矩阵，进而求解出平移向量；最后，利用开源数据与现场扫描数据在不同条件下同几种传统算法的配准结果进行对比，验证了该算法能适应于多种形态的点云配准且在保证配准精度的同时也提升了配准效率。

②从统计特征的角度出发，根据点云数据本身的概率分布特性，提出了另一种基于柯西混合模型的点云配准算法。首先，选用相同阶数的柯西混合模型分别对源点云与目标点云数据的概率分布进行拟合，将刚性变换下的点云配准模型拓展为柯西混合模型。然后，根据贝叶斯公式和杰森不等式构造出极大似然函数，并采用期望最大化算法（EM）对其进行优化，直至混合模型中的各项参数更新至收敛。最后，利用最大权重对应模型的协方差矩阵求解旋转矩阵，进而求解出平移向量，并根据对应模型的中心点估算出放缩因子，将目标点云按放缩因子进行放大。经过对公开数据与现场数据的配准实验，该算法的可行性、有效性、快速性得到验证。

③提出了一种基于多种群遗传算法的点云配准算法（MPGA-ICP），进一步提高点云配准的精度和适用性。MPGA-ICP 算法以经典 ICP 算法为基础，通过遗传算法对初始点云数据进行优化筛选，基于多种群原理分割点云数据，依据不同权重筛选分割后的数据获得精华种群，进而进行配准，提升了配准精度，并有效解决现有点云配准算法易陷入局部最优解的问题。

④设计了一种双通道最优选择模型（DCOS），解决单一点云配准算法的局限性，该模型可选择 2 种点云配准算法，基于 2 种算法的配准误差设置权重，实现“去粗取精”的目的，从而使点云数据得到良好的配准效果。提出了一种基于双通道最优选择模型的点云配准方法，有效解决单一算法的缺陷，将常见点云配准算法进行仿真分析并比对不同算法的性能，根据需求选择算法，送入双通道选择模型进行数据配准。该算法针对不同类型点云数据的配准都显示出较强的鲁棒性，可以在保证时间稳定的条件下提升配准的精度。

第 2 章　点云配准技术概述

点云配准涉及较多的基础理论和数学原理，本章节主要介绍了有助于了解点云配准算法原理所需要的一些基础理论知识。首先简要介绍了点云的定义及其数据类型。其次重点阐述了点云数据配准过程，分别阐述了粗配准和精细配准的具体计算过程。最后对本书后期会涉及的误差评价指标及点云配准常用的数据集进行说明，为后续研究内容奠定理论基础。

2.1　点云定义与数据类型

三维点云是三维立体图像的一种数字化表现形式，是通过 3D 扫描设备扫描物体表面，获得包含物体三维信息和几何特征的大量离散数据点集（Shi et al.，2022）。根据点云数据采集方式及被测物体自身点的排列方式的不同，可将三维点云数据分为 3 类（图 2-1）。

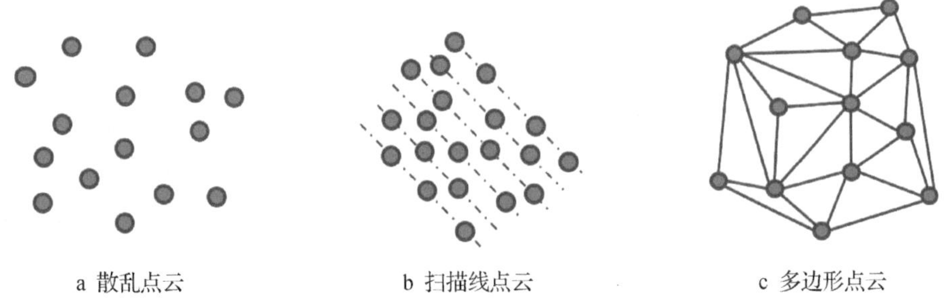

图 2-1　三维点云数据类型

①散乱点云。散乱点云指获取到的点云数据没有特定规律，是一组无规则的散乱点集，这类点云数据不存在固定排列方式，无法通过特有方式对其分布形式进行表述，如图 2-1a 所示。

②扫描线点云。扫描线点云指获取到的点云数据均匀或者非均匀地分布

在扫描线上，扫描线之间是平行关系或类似于等势线的非闭合曲线。其中，均匀分布在扫描线上的点集具有一定规律，称之为网格化点云，非均匀分布在扫描线上的点集属于散乱点云，如图 2-1b 所示。

③多边形点云。多边形点云指将点云数据中的点与其周围邻近点之间两两连接，使点与点之间的连线呈现出规则多边形的二维嵌套面或三维多面体，其每一面都由不同形状的同一多边形构成，如图 2-1c 所示。

2.2 点云数据配准

点云数据配准是三维点云配准技术的核心。由于点云数据采集设备自身局限性及环境因素的影响，会导致获取到的点云数据发生位姿变换或不完整。要想获得物体完整的三维数据信息，就要对存在位姿变换或不完整的点云数据进行配准。

2.2.1 点云数据粗配准

点云数据粗配准是通过提取 2 片点云数据的粗略特征进行的全局匹配，是点云数据精细配准的前提条件，为精细配准提供了良好的初始位置。然而并非所有的点云配准算法都需要粗配准，针对鲁棒性较强且对点云数据的初始位置要求较低的算法，也可以直接进行精细配准。常见的粗配准方法包括点特征直方图（Point Feature Histogram，PFH）和随机抽样一致性（Random Sample Censensus，RANSAC）。

2.2.1.1 基于点特征直方图的点云数据粗配准

基于点特征直方图（Rusu et al.，2008）的点云数据粗配准方法是通过建立 2 组点云数据中对应点的法向量关系，对点云数据进行最初的特征点提取，后期研究人员针对点特征直方图方法存在的缺陷提出了快速点特征直方图方法。

（1）点特征直方图

点特征直方图是一种将目标点与其周围点之间进行几何特征表述，将所得到的特征参数绘制在同一直方图中的方法（Wang et al.，2017）。以点 P_s 和点 P_t 之间为例，设点 P_s 和点 P_t 的法向量分别为 n_s 和 n_t，以 n_s 为 u 轴，建立 uvw 坐标系，并计算图中相应的角度参数（图 2-2），其中，角度 α 计算如公式（2-1）所示，角度 ϕ 计算如公式（2-2）所示，角度 θ 计算如公式（2-3）所示。

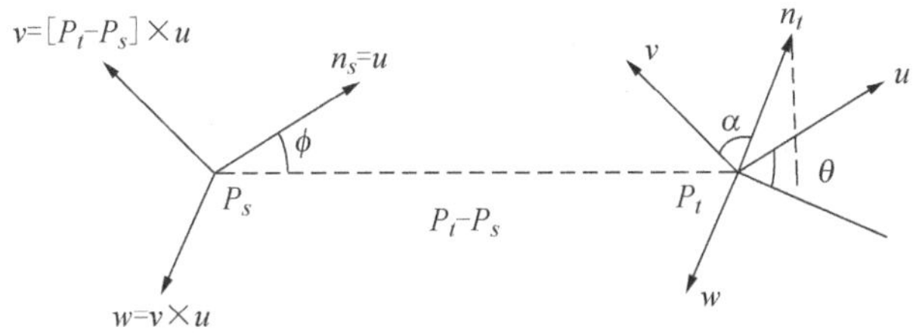

图 2-2　*uvw* 坐标系（贾薇，2020）

$$\alpha = \nu \cdot n_t, \tag{2-1}$$

$$\phi = u \cdot \frac{P_s - P_t}{\|P_s - P_t\|}, \tag{2-2}$$

$$\theta = \arctan\left(\frac{\omega \cdot n_t}{u \cdot n_t}\right)。 \tag{2-3}$$

（2）快速点特征直方图

点特征直方图（PFH）是将目标点与目标点以外所有点的对应参数进行计算，该方法空间复杂度较高，针对上述问题，Rusu 等（2008）提出了基于快速点特征直方图（Fast Point Feature Histograms，FPFH）方法，此方法仅计算目标点 p_q 与其邻近点 p_k 之间的 α、ϕ、θ 值，剔除目标点与非邻近点之间的非必要运算，将计算的复杂程度从 $O(nk^2)$ 降到 $O(nk)$，PFH 实现原理如图 2-3a 所示，FPFH 实现原理如图 2-3b 所示。

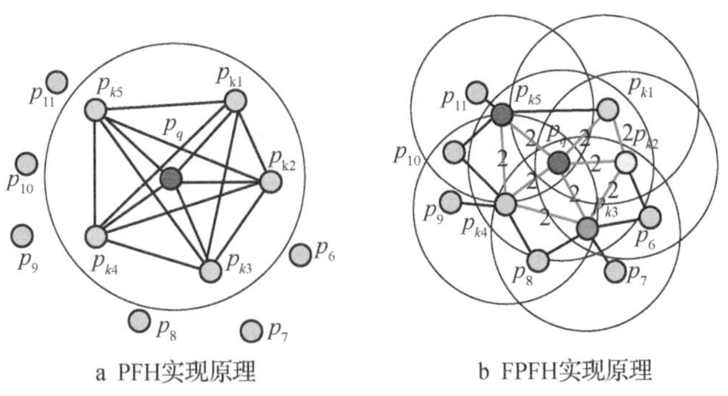

图 2-3　PFH 与 FPFH 的原理（Rusu et al.，2008）

由于 FPFH 相对于 PFH 的空间复杂度更低，降低复杂度后的 PFH 称为 SPFH（Simplified Point Feature Histogram，SPFH），FPFH 与 PFH 的计算方法相同，假设 p_q 为中心点，以 p_q 的临近点 p_k 为基准寻找每一个 p_k 点的邻近域，并计算 p_k 与其每一个邻近点 p 的 $SPFH$ 值，则 $FPFH$ 计算如公式（2-4）所示（贾薇，2020）。

$$FPFH(p) = SPFH(p) + \frac{1}{k}\sum_{i=1}^{k}\frac{1}{\omega_k}\cdot SPFH(p_k)。 \tag{2-4}$$

其中，ω_k 表示中心点与其邻近点之间的距离权重。

在 $FPFH$ 基础上，将每一个点与其邻近点的 $FPFH$ 值求平均值，平均值记为 $MFPFH$，如公式（2-5）所示。

$$MFPFH = \frac{1}{n}\sum_{i=1}^{n} FPFH。 \tag{2-5}$$

计算点云数据中每个点的 $FPFH$ 值与 $MFPFH$ 值之间的欧氏距离，如公式（2-6）所示。

$$d = \sqrt{\sum_{i=1}^{j}(p_i - m_i)^2}。 \tag{2-6}$$

其中，j 表示直方图的子区间个数，p_i 表示第 i 个子区间的 $FPFH$ 值，m_i 表示第 i 个子区间的 $MFPFH$ 值。计算点云数据中各点的 $FPFH$ 值和 $MFPFH$ 值，不断迭代计算 d 的值与设定阈值相比较，满足条件的点记为特征点，以此进行特征点提取，为后续精细配准做准备（Liu et al.，2021）。

2.2.1.2 基于随机抽样一致性的点云数据粗配准

基于随机抽样一致性（RANSAC）的点云数据粗配准是一种对待配准点云数据进行错误点剔除的有效方法（Le et al.，2018），其通过在待配准点云数据中随机选取 2 个点作为目标点，连接两点构成一条线段，以线段的长度作为特征点判别标准。计算目标点的邻近点到该线段所在直线的距离，若点到直线的距离大于线段本身长度，则将此点定义为外点；反之，若小于或等于线段长度，则将此点定义为内点。通过不断迭代比对，直至遍历点云数据中的所有点，将数据点划分为内点和外点两类，则迭代终止，提取特征点将内点进行拟合，将外点进行剔除。通过 RANSAC 算法，对点云数据进行拟合（图 2-4）。

基于 RANSAC 算法（Ghahremani et al.，2021）的粗配准计算过程如下：

a 待配准点云数据

b RANSAC算法拟合效果

图 2-4　RANSAC 算法数据拟合

（1）数据采样

对点云数据进行随机采样，对采集到的点云数据进行参数计算，为减少计算复杂度建立数学模型确定采样次数 K，如公式（2-7）所示。

$$K = \frac{\log_{10}(1 - p)}{\log_{10}(1 - \omega^m)}。\tag{2-7}$$

其中，p 为随机采集到的点恰好为内点的概率，ω 为内点占所有特征点的比例，m 为变换矩阵 H 的最小元素数量。

（2）变换矩阵

选取一对特征点分别记为目标点 $Q(a,b)$ 和源点 $P(a',b')$，为了使矩阵归一化，h_{33} 通常取 1，由此矩阵中含有 8 个未知数，为求取变换矩阵需要代入 4 对两两不共点的对应点的数据进行计算，变换矩阵 H 计算如公式（2-8）所示。

$$H = \begin{bmatrix} a' \\ b' \\ 1 \end{bmatrix} = \begin{bmatrix} h_{11} & h_{12} & h_{13} \\ h_{21} & h_{22} & h_{23} \\ h_{31} & h_{32} & h_{33} \end{bmatrix} \begin{bmatrix} a \\ b \\ 1 \end{bmatrix}。\tag{2-8}$$

（3）距离计算

分别计算出由点 $Q(a,b)$ 变换到点 $P(a',b')$ 后两个点之间的欧式距离，以及由点 $P(a',b')$ 变换到点 $Q(a,b)$ 后两个点之间的欧氏距离，并进行求和运算，则有距离计算如公式（2-9）所示。

$$d_a = \sum_a [d(P,HQ)^2 + d(Q,H^{-1}P)^2]。\tag{2-9}$$

其中，$d(P,HQ)^2$ 为目标点 Q 通过 H 的变换后与源点 P 之间的欧氏距离，$d(Q,H^{-1}P)^2$ 为源点 P 通过 H 的变换后与目标点 Q 之间的欧氏距离，d_a 为求得的两个距离之和。

（4）内点判定

根据实际需求设定阈值 T 用以判断点的类型，当点到直线的欧氏距离之和 $d_a \leqslant T$ 时，判定该点为内点；当 $d_a > T$ 时，判定该点为外点。不断重复上述过程直到将点云数据中所有点 d_a 值进行判别，确定内点的数量 N，将本次计算出的内点数记为 N_1，下一次计算出的内点数记为 N_2，若 $N_2 \geqslant N_1$，则确定第二次变换矩阵 H 为最优变换矩阵，对其内点进行数据存储。

（5）迭代计算

运用公式（2-7）计算采样次数 K，返回步骤（1）重新开始新一轮计算，不断迭代直至内点数量不再变化，即内点达到最大值时，迭代终止。

（6）参数确定

获得内点数量最大值 $N_{\max}$，利用 $N_{\max}$ 计算变换矩阵 H，此时获得的变换矩阵即为最优变换矩阵。

2.2.1.3 基于 PFH 和 RANSAC 的点云粗配准算法

粗配准算法的计算过程中首先对源点云 P 和目标点云 Q 利用上述提到的特征点提取方法，对点云数据进行参数计算并进行特征点提取，根据获得的特征点建立特征直方图，从而获得初始的点云数据；然后利用 RANSAC 算法对初始数据中的错误点进行排除；最后利用参数求解的方法求解出旋转矩阵 R 和平移向量 T，使得点云数据经过旋转平移得到粗略的配准，至此粗配准结束（黎春，2020），图 2-5 为基于 PFH 和 RANSAC 的点云粗配准算法流程。

2.2.2 点云数据精细配准

点云配准过程中的精细配准是三维点云配准技术的重中之重，关乎配准结果，也是三维点云数据配准的最后步骤。其核心思想为：2 个不同角度坐标系中存在 2 片具有映射关系的二维或三维数据点集，通过寻找一片点云到另一片点云数据的位置变换关系，将点云数据进行平移旋转，从而使得 2 片点云所在坐标系位置重合（Weinmann，2016），具体计算过程如下：

假设存在 2 组点云数据，分别记为目标点云 $Q = \{q_i \in R^3\}$ 和源点云

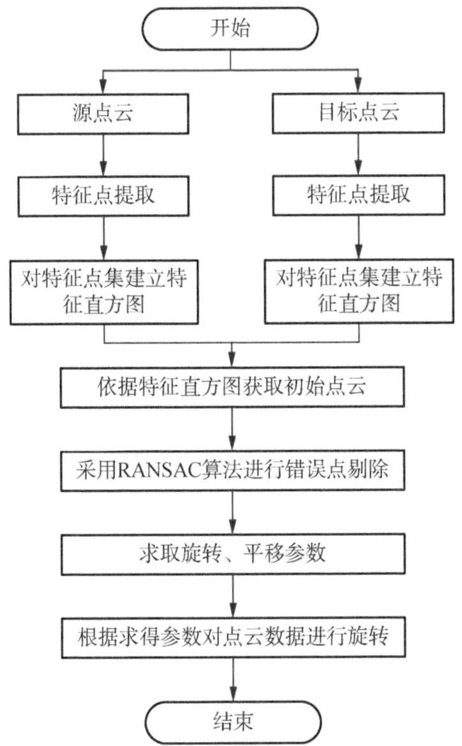

图 2-5　基于 PFH 和 RANSAC 的点云粗配准算法流程

$P=\{p_j\in R^3\}$，其中，$1\leqslant i\leqslant N_i$，$1\leqslant j\leqslant N_j$，$N_i$ 和 N_j 分别表示目标点云和源点云中点的个数。三维点云数据配准是求取源点云对应平移旋转参数的过程，如公式（2-10）所示。

$$Q=R\times P+T。\tag{2-10}$$

其中，R 代表配准过程中从源点云 P 到目标点云 Q 位置变换中的旋转矩阵，T 代表配准过程中从源点云 P 到目标点云 Q 位置变换中的平移向量。求取平移和旋转参数是点云数据精细配准的核心（Kuriyama et al.，1997）。

为了求取旋转矩阵 R，需要计算从源点云 P 到目标点云 Q 的映射关系，设映射关系为 M，如公式（2-11）所示。

$$M=\begin{bmatrix} a_{11} & a_{12} & a_{13} & t_x \\ a_{21} & a_{22} & a_{23} & t_y \\ a_{31} & a_{32} & a_{33} & t_z \\ u_x & u_y & u_z & \lambda \end{bmatrix}。\tag{2-11}$$

将公式（2-11）简化，如公式（2-12）所示。

$$M=\begin{bmatrix} A & T \\ U & \lambda \end{bmatrix}。\tag{2-12}$$

其中，$A=\begin{bmatrix} a_{11} & a_{12} & a_{13} \\ a_{21} & a_{22} & a_{23} \\ a_{31} & a_{32} & a_{33} \end{bmatrix}$，$T$ 代表 x、y、z 轴方向上的平移向量 $[t_x \quad t_y \quad t_z]^T$，$U=[u_x \quad u_y \quad u_z]$ 代表透视变换向量，λ 代表比例因子。

上述旋转矩阵 R 为 3×3 的正交矩阵，平移向量 T 为三维向量，通过 R_x、R_y、R_z 的值求解旋转矩阵 R，其中 R_x、R_y、R_z 为目标点坐标向量分别与 x、y、z 轴所构成的旋转角度，则有 R_x、R_y、R_z、R、T 公式分别如公式（2-13）至公式（2-17）所示。

$$R_x=\begin{bmatrix} 1 & 0 & 0 \\ 0 & \cos\alpha & \sin\alpha \\ 0 & -\sin\alpha & \cos\alpha \end{bmatrix},\tag{2-13}$$

$$R_y=\begin{bmatrix} \cos\beta & 0 & -\sin\beta \\ 0 & 1 & 0 \\ \sin\beta & 0 & \cos\beta \end{bmatrix},\tag{2-14}$$

$$R_z=\begin{bmatrix} \cos\gamma & \sin\gamma & 0 \\ -\sin\gamma & \cos\gamma & 0 \\ 0 & 0 & 1 \end{bmatrix},\tag{2-15}$$

$$\begin{aligned} R &= R_x\times R_y\times R_z \\ &= \begin{bmatrix} 1 & 0 & 0 \\ 0 & \cos\alpha & \sin\alpha \\ 0 & -\sin\alpha & \cos\alpha \end{bmatrix}\begin{bmatrix} \cos\beta & 0 & -\sin\beta \\ 0 & 1 & 0 \\ \sin\beta & 0 & \cos\beta \end{bmatrix}\begin{bmatrix} \cos\gamma & \sin\gamma & 0 \\ -\sin\gamma & \cos\gamma & 0 \\ 0 & 0 & 1 \end{bmatrix} \\ &= \begin{bmatrix} \cos\beta\cos\gamma & \cos\beta\sin\gamma & -\sin\beta \\ -\cos\alpha\sin\gamma-\sin\alpha\sin\beta\cos\gamma & \cos\alpha\cos\gamma+\sin\alpha\sin\beta\sin\gamma & \sin\alpha\cos\beta \\ \sin\alpha\sin\gamma+\cos\alpha\sin\beta\cos\gamma & -\sin\alpha\cos\gamma-\cos\alpha\sin\beta\sin\gamma & \cos\alpha\cos\beta \end{bmatrix}, \end{aligned}\tag{2-16}$$

$$T=[t_x \quad t_y \quad t_z]^T。\tag{2-17}$$

其中，α、β、γ 分别表示目标点坐标向量与 x、y、z 轴构成的角度，t_x、t_y、t_z 分别表示目标点在 x、y、z 轴方向上的平移数值。

利用求取的平移旋转参数对源点云进行平移旋转变换，使得源点云与目标点云配准，设源点云为 $P_i = [x_i \quad y_i \quad z_i]^T$，变换后的源点云记为 $P'_i = [x'_i \quad y'_i \quad z'_i]^T$，则根据公式（2-10）可得 P'_i 如公式（2-18）所示，再将上述具体数值代入公式（2-18）中，如公式（2-19）所示。

$$P'_i = R \times P_i + T, \tag{2-18}$$

$$[x'_i \quad y'_i \quad z'_i]^T = \begin{bmatrix} \cos\beta\cos\gamma & \cos\beta\sin\gamma & -\sin\beta \\ -\cos\alpha\sin\gamma - \sin\alpha\sin\beta\cos\gamma & \cos\alpha\cos\gamma + \sin\alpha\sin\beta\sin\gamma & \sin\alpha\cos\beta \\ \sin\alpha\sin\gamma + \cos\alpha\sin\beta\cos\gamma & -\sin\alpha\cos\gamma - \cos\alpha\sin\beta\sin\gamma & \cos\alpha\cos\beta \end{bmatrix} \begin{bmatrix} x_i \\ y_i \\ z_i \end{bmatrix} + \begin{bmatrix} t_x \\ t_y \\ t_z \end{bmatrix}。 \tag{2-19}$$

由公式（2-19）可知若要求得平移向量 T 和旋转矩阵 R，首先需求解 α、β、γ、t_x、t_y、t_z，由数学理论可知，6 个未知数需 6 个方程联立求解，需将点云数据中 3 对连线两两不相交的数据点坐标信息代入方程求解未知数，以求取刚性变换配准的具体旋转矩阵 R 和平移向量 T。为了确保计算的准确度，往往会多次代入多对点的数据进行参数求解（朱琛琛，2019）。

点云配准过程中，只经过一次或几次旋转平移变换往往无法达到点云配准的目的，因此需要对平移旋转后的点与对应目标点进行比对，需要设定误差函数和阈值用以判定配准是否完成。误差函数即点云配准过程的目标函数，最常用的误差判定方法为最小二乘法，目标函数如公式（2-20）所示：

$$E(R,T) = \sum_{i=1}^{n} Rp_i + T - q_i^{\ 2}。 \tag{2-20}$$

根据配准要求设定阈值 H，不断迭代计算平移向量 T 和旋转矩阵 R，使目标函数值减小，当目标函数值小于阈值 H 时，迭代停止，配准完成；若目标函数 E 的值大于阈值，则再次返回公式（2-10），直至满足阈值条件，如公式（2-21）所示。

$$E_{\min}(R,T) \leqslant H。 \tag{2-21}$$

三维点云精细配准通过不断迭代优化平移旋转参数使目标函数达到最小值，利用阈值与目标函数的关系判断配准是否完成，从而达到点云配准的目的。

配准过程中求解旋转矩阵 R 和平移向量 T 的方法有很多，其中，较为常用的方法有四元数法和奇异值分解法，下面对这两种方法进行介绍。

2.2.2.1 四元数法

四元数（Qiu et al，. 2016）顾名思义是一种由 4 个参数构成的超复数，包括 1 个实数单位和 3 个虚数单位。假设四元数为 f，则其一般表达式如公式（2-22）所示。

$$f = f_0 + f_1 i + f_2 j + f_3 k = [f_0, f_1, f_2, f_3]^T。\tag{2-22}$$

其中，f_0、f_1、f_2、f_3 为实数，i、j、k 分别为相互垂直的虚数单位，且满足 $i^2 = j^2 = k^2 = -1$。

四元数法求解旋转矩阵 R 和平移向量 T 的具体计算过程如下：

首先，分别计算目标点云 $Q = \{q_i \in R^3\}$ 和源点云 $P = \{p_j \in R^3\}$ 的质心 C_Q 和 C_P，利用所求质心计算 2 片点云数据对应的协方差矩阵，如公式（2-23）和公式（2-24）所示。

$$C_P = \frac{1}{n}\sum_{i=1}^{n} p_i, C_Q = \frac{1}{n}\sum_{i=1}^{n} q_i,\tag{2-23}$$

$$COV = \frac{1}{n}\sum_{i=1}^{n}[(p_i - C_P)(q_i - C_Q)^T]。\tag{2-24}$$

其中，n 为点云数据中点的数量，p_i、q_i 分别为源点云和目标点云中的对应点。

其次，求解上述协方差矩阵的循环向量 Δ，如公式（2-25）和公式（2-26）所示。

$$cov_{ij} = (COV - COV^T),\quad i,j = 1,2,3。\tag{2-25}$$

$$\Delta = [cov_{23}, cov_{31}, cov_{12}]。\tag{2-26}$$

由此可建立四阶对称矩阵 A，如公式（2-27）所示。

$$A = \begin{bmatrix} tr(COV) & \Delta^T \\ \Delta & COV + COV^T - tr(COV)I_3 \end{bmatrix}。\tag{2-27}$$

不断迭代计算 A 的特征值及特征值所对的特征向量，直至得到最大特征值，迭代终止，最大特征值所对应的特征向量即为所求的四元数 $f_{max} = [f_0, f_1, f_2, f_3]^T$。

最后，根据上述求得的四元数值即可求解出旋转矩阵 R 和平移向量 T，如公式（2–28）和公式（2–29）所示。

$$R = \begin{bmatrix} f_0^2+f_1^2-f_2^2-f_3^2 & 2(f_1f_2-f_0f_3) & 2(f_1f_3+f_0f_2) \\ 2(f_1f_2+f_0f_3) & f_0^2+f_2^2-f_1^2-f_3^2 & 2(f_2f_3-f_0f_1) \\ 2(f_1f_3-f_0f_2) & 2(f_2f_3+f_0f_1) & f_0^2+f_3^2-f_1^2-f_2^2 \end{bmatrix}, \quad (2-28)$$

$$T = C_P - RC_Q。\quad (2-29)$$

2.2.2.2　奇异值分解法

奇异值分解法（Yaghmaee et al.，2020）在矩阵的分解算法中占据重要地位，是一种矩阵运算中较为常见的方法，具体计算过程如下：

假设存在一个 $n \times n$ 的矩阵 B，B^H 为矩阵 B 的共轭转置矩阵，则 B^HB 的特征值如公式（2–30）所示。

$$\lambda_1 \geqslant \lambda_2 \geqslant \cdots \geqslant \lambda_n \geqslant \lambda_{n+1} = \lambda_n = 0。\quad (2-30)$$

设 $s_i = \sqrt{\lambda_i}\ (i = 1,2,\cdots,n)$ 为对应矩阵 B 的奇异值（宋林霞，2019；徐仲，2005）。若存在 m 阶的酉矩阵 M 及 n 阶的酉矩阵 N，如公式（2–31）所示。

$$M^HBN = \begin{pmatrix} S & 0 \\ 0 & 0 \end{pmatrix}。\quad (2-31)$$

其中，$S = diag(s_1, s_2, \cdots, s_K)$，而 s_i 为 B 的非零奇异值（$i = 1,2,\cdots,K$）。将上式进行变形得到新的形式，即为矩阵 B 的奇异值分解，如公式（2–32）所示。

$$B = N\begin{pmatrix} S & 0 \\ 0 & 0 \end{pmatrix}M^H。\quad (2-32)$$

奇异值分解法求解旋转矩阵 R 和平移向量 T，具体计算过程如下：

首先，求解目标点云 $Q = \{q_i \in R^3\}$ 和源点云 $P = \{p_j \in R^3\}$ 的质心 C_Q 和 C_P 及协方差矩阵，如公式（2–33）和公式（2–34）所示。

$$C_P = \frac{1}{n}\sum_{i=1}^{n} p_i, C_Q = \frac{1}{n}\sum_{i=1}^{n} q_i, \quad (2-33)$$

$$COV = \frac{1}{n}\sum_{i=1}^{n}[(p_i - C_P)(q_i - C_Q)^T]。\quad (2-34)$$

其中，n 为点云数据中点的数量，p_i、q_i 分别为源点云和目标点云中的对应点。对协方差矩阵进行奇异值分解，得到 $COV = N\Lambda M^H$，其中，M 和 N 均为 3×3 的酉矩阵，Λ 为协方差矩阵的特征值构建的非负对角矩阵，由此可求解

出旋转矩阵 R 和平移向量 T，如公式（2-35）所示。

$$R = MN^{H}, T = C_P - RC_Q。 \tag{2-35}$$

2.3　点云误差评价指标

为了评估配准算法的有效性，需要对算法的配准误差进行定义。常用的7种误差评价指标包括：误差、相对误差、误差平方和、平方绝对误差、均方根误差、平均绝对百分比误差及均方百分比误差，而业界常采用2个点云之间对应点的欧式距离作为配准误差，即均方根误差（Root Mean Square Error，RMSE）。由于点云是一系列散乱的坐标点，故可以将其划分为不均匀的三角网格，以加快2个点云之间对应点的寻找速度。其中，Delaunay 三角剖分（Delaunay Triangulation）是最常用的一种三角剖分的方法（Pallete，2020）。

定义1：（三角剖分）将给定的 n 个点 p_1，p_2，…，p_n 以相互之间没有交点的直线段进行连接 p_i 与 p_j，$1 \leqslant i$，$j \leqslant n$，且 $i \neq j$ 并必须保障凸壳里面的每一块区域都以三角形的形式呈现，这样构造网格的方法叫作三角剖分。

定义2：（Delaunay 三角剖分）满足下面给出的2条准则的三角剖分可被称为 Delaunay 三角剖分：

①空圆特性：在 Delaunay 三角形网里面任意一个三角形的外接圆构成的范围中不存在其他点；

②最大化最小角特性：在离散的点集有可能会构成的三角剖分中，Delaunay 三角剖分构造出的三角形具有最大的最小角特性。

Dey 等（2006）以局部拟合平面作为参考，采用投影的方法将三维点云降至二维，然后采用二维 Delaunay 三角剖分方法建立网络模型。该算法将局部的拓扑与几何信息以邻近点集的形式呈现出来，并以二维 Delaunay 三角剖分的技术为基础重建出所有数据点的局部拓扑。接着将局部数据点中包含的不正确连接关系进行自动校正，同时利用增量扩张的技术把所有局部的三角网连接成一张完整的二维流行网格。此算法主要有4个优点：

①建模效率很高，算法思维简单，容易实现；

②以最常用的三角网格形式为输出的结果，每一个三角形都具有一致法向；

③对任何拓扑结构的物体均适用；

④容许数据点集在分布上存在一定的不匀称性。

将二维 Delaunay 三角剖分方法推广到三维的情况，即为 Delaunay 四面体剖分，二维 Delaunay 三角剖分方法是使用空圆的特性，则三维 Delaunay 四面体剖分采用的是空球特性来定义，即在一个四面体剖分中，任意四面体的外接球的内部不包含其他的节点，那么该四面体剖分为 Delaunay 四面体剖分。二维 Delaunay 三角剖分与三维 Delaunay 四面体剖分视图如图 2-6 所示。

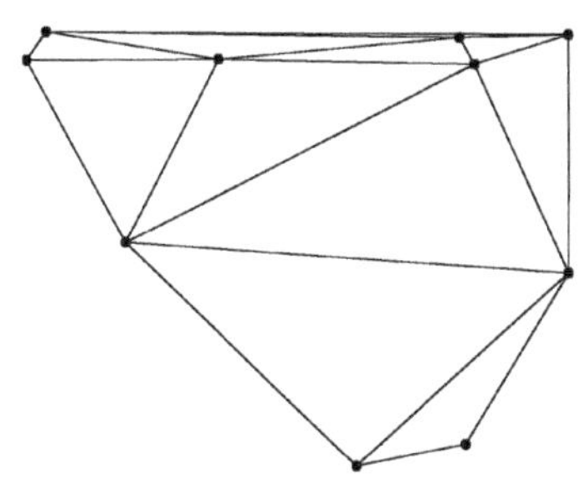

a 二维Delaunay三角剖分视图

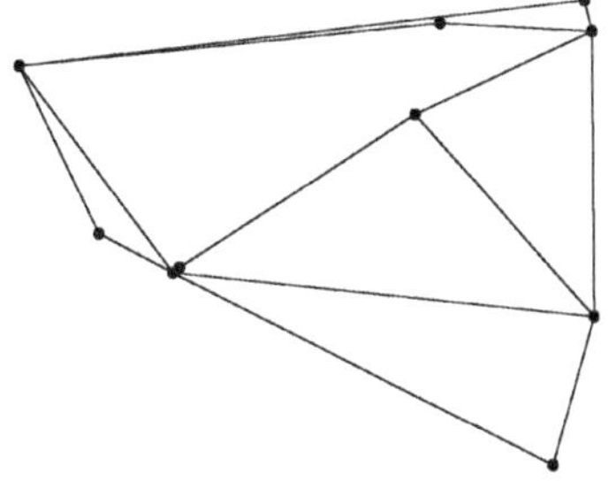

b 三维Delaunay四面体剖分视图

图 2-6　二维 Delaunay 三角剖分与三维 Delaunay 四面体剖分视图

图 2-6 是使用 MATLAB 随机生成的 1 组二维点和 1 组三维点分别进行二维 Delaunay 三角剖分和三维 Delaunay 四面体剖分。无论是二维 Delaunay 三角剖分，还是三维 Delaunay 四面体剖分，每相邻的 3 个点都构成 1 个三角形，且每一个三角形内都不包含其他的点。

在三维 Delaunay 四面体搜索最近点的过程中，可以将空间中的点集剖分成以 4 个点为一组所构成的四面体。并经过逐渐的细化，最终找到最邻近点对。因为四面体具有良好的性质，所以三维 Delaunay 四面体可以很快地完成对对应点对的搜索。三维 Delaunay 四面体示意如图 2-7 所示。

假设存在一点 O，它的最近点为 g_1，且 g_1 存在于一个由点 g_1、g_2、g_3、g_4 组成的四面体中，则三维 Delaunay 四面体点集搜索法可以计算出点 O 到每一个点的距离，取其中距离最小的点作为最近点进行下一次搜索，重复此步骤直到找到使 O 到 g_1 距离最短的点为止。

记经第 v 次的旋转、平移变换作用之后的目标点云为 Q^v，如公式（2-36）所示。

$$Q^v = R^v Q + T^v。\tag{2-36}$$

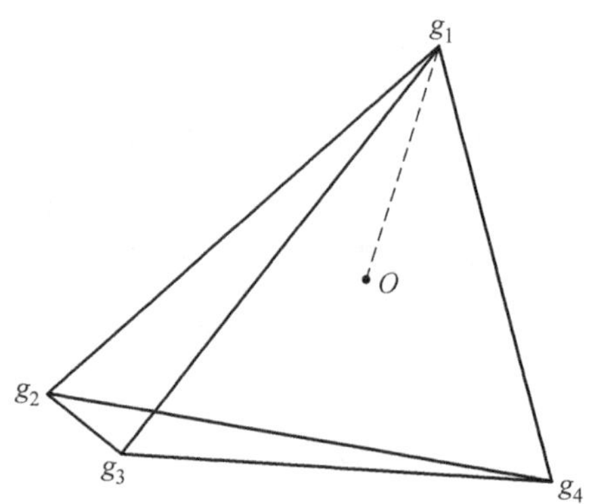

图 2-7　三维 Delaunay 四面体示意

其中，R^v 和 T^v 为第 v 次的旋转矩阵和平移向量构成的矩阵，记通过 Delaunay 三角剖分网搜索出的对应点云为 $\Omega^v \in R^{3\times J}$，$J$ 表示对应点的个数，则 $RMSE$ 如公式（2-37）所示。

$$RMSE = \sqrt{\frac{1}{J}\sum_{j=1}^{J}\|q_j^v - \Omega_j^v\|_2^2}。\tag{2-37}$$

2.4　点云数据集

点云库（Point Cloud Library，PCL）是由 Radu 博士等人将点云数据集及相关研究成果进行汇总创建的大型跨平台开源编程库，它为使用者提供了通用的点云算法及有效的数据结构，支持在多种操作系统上运行（Butler et al.，2021）。PCL 在三维点云数据处理中的地位相当于 OpenCV 在数字图像处理中的地位，涉及点云数据的获取、滤波、分割、配准、检索、特征提取、识别、追踪、曲面重建、可视化等技术，其应用领域非常广泛，PCL 架构如图 2-8 所示（郭浩 等，2019）。

点云数据集中较为常用的点云数据是由斯坦福大学提供的三维点云数据存储库（Stanford 3D Scanning Repository），该数据集中含有点云数据配准最常用的 Bunny、Dragon、Buddha 等三维点云数据。除此之外，还有一些常用的大型建筑场景三维点云数据库，如悉尼城市目标数据集（Sydney Urban Objects Dataset）、大规模点云分类基准（Large-Scale Point Cloud Classification Benchmark）等。

图 2-8　PCL 架构

2.5　本章小结

本章首先对点云的定义及点云数据类型进行了简要介绍。其次重点阐述了点云数据配准过程，分别对粗配准和精细配准具体计算过程进行详细介绍。最后介绍了本书后期会涉及的误差评价指标及点云配准常用的数据集，为后续研究内容奠定理论基础。

第 3 章　点云配准经典算法

ICP 算法作为点云配准领域的经典之作，基于其衍生了一系列改进的点云配准算法。本章重点介绍 ICP 配准算法的原理及其 2 种经典的改进算法，最后给出了 4 种基于统计学的点云配准方法的推导过程。

3.1　ICP 配准算法原理

假设存在 2 片待配准的点云数据，分别记为目标点云和源点云，利用单位四元数法（Lan et al.，2007）求解 2 片点云最小二乘逼近的旋转变换和平移变换，通过求得的变换参数使 2 片点云之间的最小二乘距离（即误差函数）最小，从而完成 2 片点云的配准工作，ICP 算法流程如图 3-1 所示。

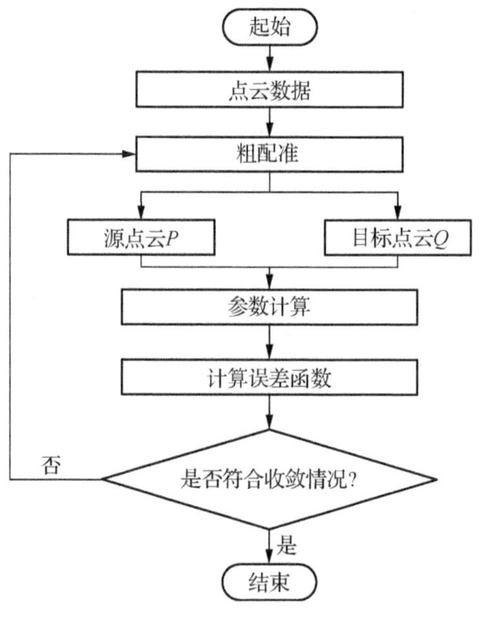

图 3-1　ICP 算法流程

假设目标点云为 Q，源点云为 P，根据2.2.2.1小节中介绍的四元数法，设单位四元数为旋转变换向量 $\vec{Q}_R = [q_0, q_1, q_2, q_3]^T$，满足 $q_0 \geqslant 0, q_0^2 + q_1^2 + q_2^2 + q_3^2 = 1$，平移变换向量为 $\vec{Q}_T = [q_4, q_5, q_6]^T$，则配准最优变换参数记为 $\vec{Q} = [\vec{Q}_R \mid \vec{Q}_T]^T$，2片点云数据中点的数量满足 $N_P = N_Q$，且点与点之间呈映射关系。旋转变换矩阵 R 是由单位四元数生成的 3×3 旋转矩阵，如公式（3-1）所示。

$$R(Q_R) = \begin{bmatrix} q_0^2 + q_1^2 - q_2^2 - q_3^2 & 2(q_1q_2 - q_0q_3) & 2(q_1q_3 + q_0q_2) \\ 2(q_1q_2 + q_0q_3) & q_0^2 - q_1^2 + q_2^2 - q_3^2 & 2(q_2q_3 - q_0q_1) \\ 2(q_1q_3 - q_0q_2) & 2(q_2q_3 + q_0q_1) & q_0^2 - q_1^2 - q_2^2 + q_3^2 \end{bmatrix}。 \tag{3-1}$$

2片点云之间最小二乘逼近函数如公式（3-2）所示。

$$f(\vec{Q}) = \frac{1}{N_P}\sum_{i=1}^{N_P} \|\vec{q}_i - R(\vec{Q}_R)\vec{p}_i - \vec{Q}_T\|^2。 \tag{3-2}$$

为求得最小二乘逼近函数值，需求解 $\vec{Q}_R$ 和 $\vec{Q}_T$ 值，计算步骤如下：

第一步，分别求源点云 P 和目标点云 Q 的质心，如公式（3-3）所示。

$$\vec{\mu}_P = \frac{1}{N_P}\sum_{i=1}^{N_P} \vec{p}_i,\ \vec{\mu}_Q = \frac{1}{N_Q}\sum_{i=1}^{N_Q} \vec{q}_i。 \tag{3-3}$$

第二步，求取源点云 P 和目标点云 Q 的互协方差矩阵 Σ_{pq}，如公式（3-4）所示。

$$\Sigma_{pq} = \frac{1}{N_P}\sum_{i=1}^{N_P} [(\vec{p}_i - \vec{\mu}_P)(\vec{q}_i - \vec{\mu}_Q)^T] = \frac{1}{N_P}\sum_{i=1}^{N_P} [\vec{p}_i\vec{q}_i] - \vec{\mu}_P\vec{\mu}_Q{}^T。 \tag{3-4}$$

第三步，通过反对称矩阵 $A_{ij} = (\Sigma_{pq} - \Sigma_{pq}^T)_{ij}$ 的循环单元构造列向量 $\Delta = [A_{23}, A_{31}, A_{12}]^T$，以上构造的列向量用来构造一个 4×4 的对称矩阵 $Q(\Sigma_{pq})$，如公式（3-5）所示。

$$Q(\Sigma_{pq}) = \begin{bmatrix} tr(\Sigma_{pq}) & \Delta^T \\ \Delta & \Sigma_{pq} + \Sigma_{pq}^T - tr(\Sigma_{pq})I_3 \end{bmatrix}。 \tag{3-5}$$

其中，I_3 是 3×3 的单位矩阵。

第四步，矩阵 $Q(\Sigma_{pq})$ 的最大特征向量所对应的单位特征向量 $\vec{Q}_R = [q_0, q_1, q_2, q_3]^T$ 即为所求的最优旋转变换矩阵，如公式（3-6）所示。

$$\vec{Q}_T = \vec{\mu}_Q - R(\vec{Q}_R)\vec{\mu}_P。 \tag{3-6}$$

第五步，对平移旋转参数进行反复迭代计算，直至 P 与 Q 中对应点之间的最小二乘逼近函数值满足收敛条件，则迭代终止，此时得到的即为最优坐标变换参数 $\vec{Q}=[\vec{Q}_R|\vec{Q}_T]^T$ 和 2 片点云的最小耦合误差函数 $E_{\min}=f(\vec{Q})$，否则重新选取源点和目标点返回至第一步重复上述计算过程。

ICP 算法作为三维点云配准的经典算法，为点云配准技术发展奠定了基础，但其对初始值要求较高，若 2 片点云在初始位置不理想的情况下基于 ICP 算法进行配准，易陷入局部最优解，导致配准失败。

3.2 改进的 ICP 配准算法

3.2.1 GO-ICP 算法

GO-ICP 算法（Yang，2015），假设 P 为源点云、Q 为目标点云，源点云 P 中点的数量为 N，目标点云 Q 中点的数量为 M，定义 L_2 范数配准，并使得误差函数最小化，如公式（3-7）所示。

$$E(R,T)=\sum_{i}^{N}e_i(R,T)^2=\sum_{i}^{N}\|Rp_i+T-q_{j^*}\|^2。\qquad (3\text{-}7)$$

其中，R 表示旋转矩阵，T 表示平移向量，$e_i(R,T)$ 为 p 的剩余误差，q_{j^*} 为 p_i 的对应点，$j^*=\underset{j\in\{1,2,\cdots,M\}}{\operatorname{argmin}}\|Rp_i+T-q_j\|$，通过估计变换参数并利用 j^* 寻找对应点用以迭代完成配准。

将全局优化技术 BNB 应用于三维点云配准，将 3D 的 SO（3）搜索拓展为 6D 的 SE（3）搜索，其关键点在于如何寻找三维的边界范围并有效地寻找上下界。对于三维数据每一个方向的旋转均可表示为 3D 向量 r，则有旋转矩阵如公式（3-8）所示。

$$R=\exp([r]_*)=I+\frac{[r]_*\sin\|r\|}{\|r\|}+\frac{[r]_*^2(1-\cos\|r\|)}{\|r\|^2}。\qquad (3\text{-}8)$$

其中，$r/\|r\|$ 表示向量轴，$\|r\|=\arccos\{[trace(R)-1]/2\}$ 表示向量角，$[r]_*$ 为 r 的斜对称矩阵，如公式（3-9）所示。

$$[r]_*=\begin{bmatrix}0 & -r^3 & r^2\\ r^3 & 0 & -r^1\\ -r^2 & r^1 & 0\end{bmatrix}。\qquad (3\text{-}9)$$

其中，r^i 表示 r 的第 i 个元素，并利用对数求取逆映射矩阵，如公式

(3-10) 所示。

$$[r]_* = \log R = \frac{\|r\|}{2\sin\|r\|}(R - R^T)。 \tag{3-10}$$

为了寻找三维的边界范围，提出旋转包围球体和平移有界立方体概念，角度小于或等于 π 的旋转，在球的内部或表面有 1 ~ 2 个对应的角度轴表示。旋转包围球体的最小立方球体 $[-\pi,\pi]^3$ 作为旋转域，最优平移位于平移有界立方体 $[-\xi,\xi]^3$ 中。在 BNB 搜索中，将初始旋转立方球体及初始平移立方体利用八叉树搜索方式进行分割（图 3-2）。

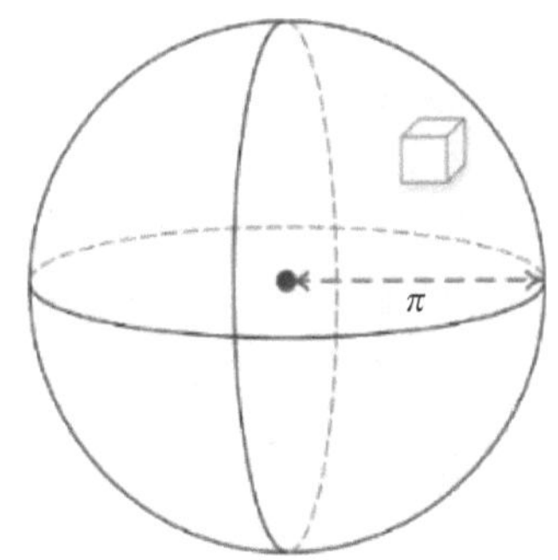

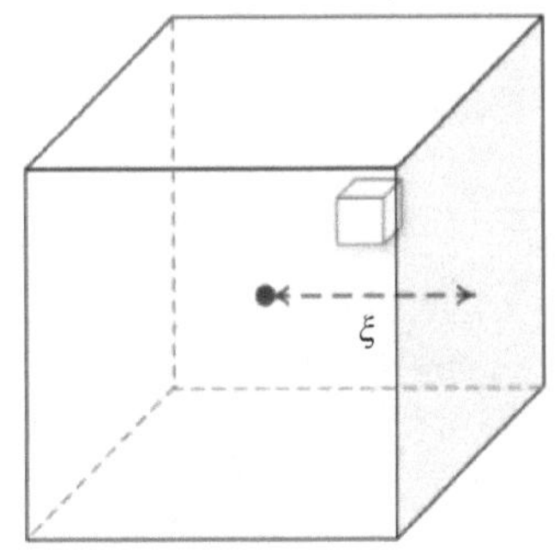

图 3-2　BNB 范围搜索（Yang et al.，2016）

为寻找 BNB 边界范围的上下界，给出了旋转矩阵 R 和平移向量 T 的 L_2 误差边界函数，旋转矩阵 R 的 L_2 误差上界和下界分别如公式（3-11）和公式（3-12）所示，平移向量 T 的 L_2 误差边界上界和下界分别如公式（3-13）和公式（3-14）所示。

$$\overline{E_R} = \min \sum_i e_i(R,T)^2, \tag{3-11}$$

$$\underline{E_T} = \min \sum_i \max[e_i(R,T) - \phi_{ri}, 0]^2, \tag{3-12}$$

$$\overline{E_T} = \sum_i \max[e_i(R,T) - \phi_{ri}, 0]^2, \tag{3-13}$$

$$\underline{E_T} = \sum_i \max[e_i(R,T) - (\phi_{ri} + \phi_t), 0]^2。 \tag{3-14}$$

搜索终止条件，对每一个 BNB 设定一个优先级队列，立方体的优先级与其下限相反。一旦最小误差 E 和下界 $\underline{E_r}$、$\underline{E_t}$ 之间的差异小于阈值时，BNB 停止搜索。另一种方法是将阈值设置为 0，并在剩余的 $[-\pi,\pi]^3$ 和 $[-\xi,\xi]^3$ 足够小时终止 BNB 搜索。

当 BNB 搜索发现某一个立方体的上限低于当前最佳函数值时，它将调用 ICP 算法进行配准，并用立方体相应的最佳旋转和平移进行初始化。在全局 BNB 搜索下，ICP 算法逐步收敛到局部极小值，每一个局部极小值的误差都小于之前的误差，最终达到全局极小值。

本小节采用 PCL 官方点云数据库中的 Geometry（1281）点云数据进行仿真分析，括号中的数值表示该点云数据中点的数量，蓝色点代表目标点云，锰紫色点代表源点云，实验在 MATLAB2019b 版本下运行。采用 GO-ICP 算法对点云数据 Geometry（1281）进行配准，设置收敛阈值为 0.0001，GO-ICP 配准前及配准后的结果如图 3-3 所示，配准时间为 2.3678 秒、配准误差为 0.4077 毫米。

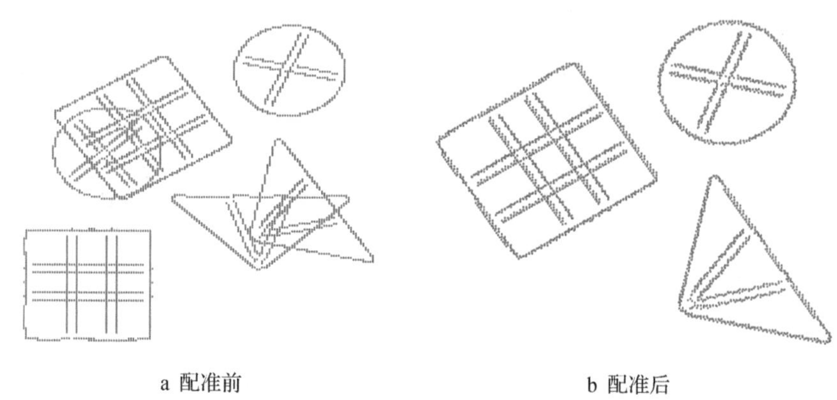

a 配准前　　b 配准后

图 3-3　GO-ICP 配准前及配准后的结果

3.2.2　Scale-ICP 算法

假设存在 2 片尺度不同的点云数据点集分别记为目标点云 X 和源点云 Y，在 ICP 算法的基础上寻找 x_i 的临近点 z_i，使得目标函数最小，其目标函数如公式（3-15）所示（Ying et al.，2009）。

$$\alpha^k(Z) = \sum_{i=1}^{n} \|S^k \cdot R^k x_i + T^k - z_i\|^2 。\tag{3-15}$$

其中，k 表示迭代的次数，R^k 表示当前的旋转矩阵，T^k 表示当前的平移向量，S^k 表示当前的尺度参数，$z_i \in Y$，n 为目标点云 X 中点的数量。

根据上式，代入 $k+1$，以此类推，不断迭代计算寻找符合条件的 Z^k，获得使得目标函数最小的旋转矩阵 R 和平移向量 T，Z^k 为第 k 次迭代 Y 中临近点对应的点集，则有最优目标函数，如公式（3–16）所示。

$$\alpha^k(R,T,S) = \sum_{i=1}^{n} \|S \cdot Rx_i + T - z_i^k\|^2 。\tag{3-16}$$

首先，求解第 $k+1$ 次迭代的平移向量，利用 R 和 S 将 T 表示出来，消去一个未知数以便后续计算，计算点集 X 和点集 z^k 的中心，如公式（3–17）所示。

$$c_x = \frac{1}{n}\sum_{i=1}^{n} x_i , c_{z^k} = \frac{1}{n}\sum_{i=1}^{n} z_i^k 。\tag{3-17}$$

将 $(R^{k+1},T^{k+1},S^{k+1})$ 代入公式（3–17）中即为公式（3–18）的最小二乘解，可得 T^{k+1} 的表达式，如公式（3–18）所示。

$$T^{k+1} = c_{z^k} - S^{k+1} \cdot R^{k+1} c_x 。\tag{3-18}$$

接下来计算旋转矩阵 R^{k+1} 及尺度参数 S^{k+1} ，代入 $\overline{x_i} = x_i - c_x , \bar{z}_i^k = z_i^k - c_{z^k}$ ，将公式（3–15）简化为公式（3–19）。

$$(R^{k+1},S^{k+1}) = \arg\min_{R \in D^3, S \in I} \alpha^k(R,S) = \sum_{i=1}^{n} \|S \cdot R\overline{x_i} - \bar{z}_i^k\|^2 。\tag{3-19}$$

其中，旋转矩阵 R 为正交矩阵，D^3 为三维矩阵，$I = [a,b]$ ，依据正交矩阵的性质可以得到公式（3–20）。

$$\alpha^k(R,S) = \sum_{i=1}^{n} [S^2\langle \overline{x_i},\overline{x_i} \rangle - 2S\langle R\overline{x_i},\bar{z}_i^k \rangle + \langle \bar{z}_i^k,\bar{z}_i^k \rangle] 。\tag{3-20}$$

由公式（3–20）可以看出 $\alpha^k(R,S)$ 为尺度参数 S 的二次函数，若使得 α^k 在 (R^{k+1},S^{k+1}) 时刻取得最小值，则 S^{k+1} 需满足公式（3–21）。

$$\frac{\partial \alpha^k(R,S)}{\partial S} = 0 。\tag{3-21}$$

对公式（3–21）进行求解，求得 S，如公式（3–22）所示。

$$S = \frac{\sum_{i=1}^{n} \langle R\overline{x_i},\bar{z}_i^k \rangle}{\sum_{i=1}^{n} \langle \overline{x_i},\overline{x_i} \rangle} 。\tag{3-22}$$

当前的 S 值可用于求解下一次迭代的 S 值，但是依据公式（3–22）求解得到的 S 可能出现超出 I 的取值范围的情况，因此针对公式（3–22）进行分类讨论：

若 $S \leqslant a$ 或 $S \geqslant b$ ，则取二次函数 $\alpha^k(R,S)$ 在取值范围 I 内的最小边界值 a 或最大边界值 b，有 $S^{k+1} = a(or\ b)$ ，此时 $\alpha^k(R,S)$ 等价于 R 在公式

（3-23）中的最大值：

$$G^k(R) = \sum_{i=1}^{n} \langle R\overline{x_i}, \bar{z}_i^k \rangle。 \tag{3-23}$$

若 S 满足 $a < S < b$，则将 S 代入公式（4-31）用以求取下一次迭代的 S^{k+1}，如公式（3-24）所示。

$$\alpha^k(R,S) = -S^{k+1}\sum_{i=1}^{n} \langle R\overline{x_i}, \bar{z}_i^k \rangle + \sum_{i=1}^{n} \langle \bar{z}_i^k, \bar{z}_i^k \rangle。 \tag{3-24}$$

接下来通过奇异值分解法对旋转矩阵进行求解，假设存在正交矩阵 U 和 V，对角矩阵 Λ，则有 $H = U\Lambda V$，对于公式（3-23）中 R 的最大值，可以用于对下一次迭代的旋转矩阵 R^{k+1} 进行求解（Arun et al.，1987），如公式（3-25）所示。

$$R^{k+1} = \begin{cases} VU^T & ,det(VU^T) = 1 \\ V\begin{pmatrix} 1 & 0 & 0 \\ 0 & 1 & 0 \\ 0 & 0 & -1 \end{pmatrix}U^T & ,det(VU^T) = -1 \end{cases}。 \tag{3-25}$$

由此可得 S^{k+1} 在不同取值范围的值如公式（3-26）所示。

$$S^{k+1} = \begin{cases} a, \ S \leqslant a \\ b, \ S \geqslant b \\ f(x,z), \ a < S < b \end{cases},$$

$$f(x,z) = \frac{\sum_{i=1}^{n} \langle R^{k+1}\overline{x_i}, \bar{z}_i^k \rangle}{\sum_{i=1}^{n} \langle \overline{x_i}, \overline{x_i} \rangle}。 \tag{3-26}$$

最后设定收敛阈值 ε，以及误差评判标准 E，如公式（3-27）所示。

$$E = 1 - \frac{\alpha^{k+1}(R^{k+1}, T^{k+1}, S^{k+1})}{\alpha^k(R^k, T^k, S^k)}。 \tag{3-27}$$

重复上述过程不断迭代计算，直至误差满足收敛条件，迭代终止，求解出最优旋转矩阵和平移向量。

本小节采用的点云数据与实验环境同 3.2.1 小节一致，采用 Scale-ICP 算法对点云数据 Geometry（1281）进行配准，设置收敛阈值为 0.0001，Scale-ICP 配准前及配准后的结果如图 3-4 所示，配准时间为 2.3497 秒、配准误差为 0.3576 毫米。

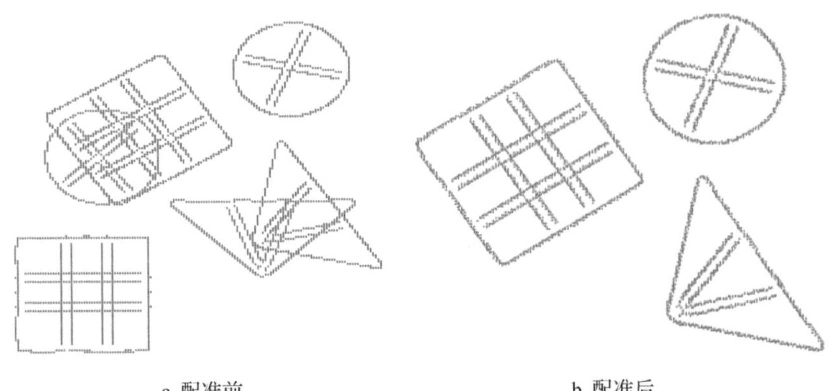

a 配准前　　　　b 配准后

图 3-4　Scale-ICP 配准前及配准后的结果

3.3　基于统计学的点云配准算法

3.3.1　PAC 算法

采集到的 2 个坐标系下的点云 P 和 Q 之间的刚性配准关系如公式（3-28）所示（Heqiang et al.，2017）。

$$P = RQ + T;\ M = N。\tag{3-28}$$

其中，$T \in R^{3\times N}$ 为平移矩阵。对 P 和 Q 中心化后的关系如公式（3-29）所示。

$$\widetilde{P} = R\widetilde{Q}。\tag{3-29}$$

其中，$\widetilde{P}$、$\widetilde{Q}$ 表示中心化后的点云矩阵。左右两边根据主成分分析可以得到公式（3-30）。

$$\frac{1}{N}\widetilde{P}\widetilde{P}^T = \frac{1}{M}R\widetilde{Q}\widetilde{Q}^T R^T。\tag{3-30}$$

分别对等式两边对角化，如公式（3-31）所示。

$$A_P \Lambda_P A_P^T = R A_Q \Lambda_Q A_Q^T R^T。\tag{3-31}$$

其中，$\frac{1}{N}\widetilde{P}\widetilde{P}^T = A_P \Lambda_P A_P^T$，$\frac{1}{M}\widetilde{Q}\widetilde{Q}^T = A_Q \Lambda_Q A_Q^T$。$\Lambda_P$、$\Lambda_Q$ 分别表示源点云与目标点云的特征值组成的对角阵。根据矩阵旋转不改变其特征值的属性，从而可解得公式（3-32）。

$$R = A_P A_Q^T。 \tag{3-32}$$

根据协方差矩阵的性质可知，当 2 组对应数据之间的数值差异太大，则会造成协方差矩阵重心的偏移，使得 2 组数据的协方差矩阵的对应关系减弱。根据 PCA 算法的原理可知，如果源点云与目标点云的数据之间存在相对遮挡的情况，那么很容易造成源点云协方差矩阵与目标点云协方差矩阵之间的对应关系发生变化，从而导致 PCA 算法配准失效（Zhang et al.，2019）。

3.3.2 ICA 算法

对点云中心化处理后进行白化，如公式（3-33）所示。

$$\begin{cases}\tilde{P} = B_P S_P \\ \tilde{Q} = B_Q S_Q\end{cases}。 \tag{3-33}$$

其中，$B_P \in R^{3\times3}$，$B_Q \in R^{3\times3}$ 是混合矩阵；$S_P \in R^{3\times N}$，$S_Q \in R^{3\times M}$ 是白化矩阵，满足各维度之间相互独立。由于 ICA 算法存在的模糊问题，独立成分的顺序和符号不能确定，因此存在一个幺正矩阵 $O \in R^{3\times3}$（刘鸣 等，2018），使得：

$$S_P = O S_Q + D。 \tag{3-34}$$

其中，D 是与 S_Q 同维度的误差矩阵。通过最小二乘法的原理，当 D 的范数达到最小时，可以估算出：

$$O = S_P S_Q^T (S_Q S_Q^T)^{-1}。 \tag{3-35}$$

综上所述，可以得出公式（3-36）。

$$R = B_P S_P S_Q^T (S_Q S_Q^T)^{-1} S_Q B_Q^T。 \tag{3-36}$$

根据 ICA 算法原理（Liu et al.，2012）可知，旋转矩阵的估算必须满足源点云与目标点云的点数相同。换句话说，ICA 算法不适用于源点云与目标点云之间存在相对缺失的环境，虽然 ICA 算法的配准效率较高，但是 ICA 算法的使用存在很大的局限性（Liu et al.，2019）。

3.3.3 CPD 算法

假设存在 2 片点云数据，点云 B 表示 GMM 的质心点集（Li et al.，2017），点云数据 A 是由 GMM 生成的点云数据，则有 GMM 概率密度函数如公式（3-37）所示。

$$f(a) = \sum_{n=1}^{N+1} F(n) f(a \mid n)。 \tag{3-37}$$

其中，$f(a\mid n)=\frac{1}{(2\pi\sigma^2)^{\frac{D}{2}}}\exp^{-\frac{a-b_n{}^2}{2\sigma^2}}$，$D$ 表示数据的维数，针对噪声点和异常点的问题引入均匀分布，如公式（3-38）所示。

$$f(a\mid N+1)=\frac{1}{M}。\tag{3-38}$$

其中，σ^2 表示全部 GMM 元素的各向同性协方差，$F(n)=\frac{1}{N}(n=1,2,\cdots,N)$ 表示每一个元素出现的概率，ω 表示均匀分布的权重，满足 $0\leqslant\omega\leqslant 1$，则针对存在噪声点和异常点的模型表达形式如公式（3-39）所示。

$$f(a)=\omega\frac{1}{N}+(1-\omega)\sum_{n=1}^{N}\frac{1}{N}f(a\mid n)。\tag{3-39}$$

引入参数 μ，对 GMM 的质心位置的参数进行更新，对概率密度函数取负对数从而获得似然函数对其进行参数估计，如公式（3-40）所示。

$$E(\mu,\sigma^2)=-\sum_{m=1}^{M}\log\sum_{n=1}^{N}F(n)f(a\mid n)。\tag{3-40}$$

将点云 A 和点云 B 中的第 n 个点分别记为 a_n 和 b_n，则对于特定的数据点的 GMM 质心的后验概率如公式（3-41）所示。

$$F(n\mid a_n)=\frac{F(n)f(a_n\mid n)}{f(a_n)}。\tag{3-41}$$

期望最大化（Expectation Maximization，EM）算法（Chui et al.，2000）对参数 μ 和 σ^2 进行求解，E 步首先对旧参数 F^{old} 进行估计，利用贝叶斯定理计算 F^{old} 的后验概率 $F^{old}(n\mid a_n)$ 并通过公式（3-41）获得新参数，而通过 E 步获得的新参数即为 EM 算法的 M 步，目标函数 G 为表达式（3-40）的最大值，如公式（3-42）至公式（3-44）所示。

$$G=-\sum_{m=1}^{M}\sum_{n=1}^{N+1}F^{\text{old}}(n\mid a_n)\log[f^{\text{new}}(n)f^{\text{new}}(a_n\mid n)],\tag{3-42}$$

$$G(\mu,\sigma^2)=\frac{1}{2\sigma^2}\sum_{m=1}^{M}\sum_{n=1}^{N}F^{\text{old}}(n\mid a_n)a_n-\gamma(b_n,\mu)^2+\frac{M_FD}{2}\log\sigma^2,\tag{3-43}$$

$$F^{\text{old}}(n\mid a_n)=\frac{\exp^{-\frac{1}{2}\frac{a_n-\gamma(b_n,\mu^{\text{old}})^2}{\sigma^{\text{old}}}}}{\sum_{n=1}^{N}\exp^{-\frac{1}{2}\frac{a_n-\gamma(b_n,\mu^{\text{old}})^2}{\sigma^{\text{old}}}}+c}。\tag{3-44}$$

其中，$M_F=\sum_{m=1}^{M}\sum_{n=1}^{N}F^{\text{old}}(n\mid a_n)\leqslant N$，$c=(2\pi\sigma^2)^{\frac{D}{2}}\frac{\omega}{1-\omega}\frac{N}{M}$，$F^{\text{old}}$ 表示利用更

新的参数算出的 GMM 元素的后验概率。利用 EM 算法对参数不断计算更新，使得 G 最小，函数收敛。

依据上面的准备工作建立三维点云刚性配准的目标函数 G，把 GMM 质心所在位姿的变换记为 $G(R,T,S,\sigma^2) = SRb_n + T$，此处的 R 是三行三列的旋转矩阵，T 是三行一列的平移列向量，S 是缩放比例参数，则目标函数如公式（3-45）所示。

$$G(R,T,S,\sigma^2) = \frac{1}{2\sigma^2}\sum_{m,n=1}^{M,N} F^{\text{old}}(n \mid a_n) SRb_n + T - a_n^2 + \frac{M_F D}{2}\log\sigma^2,$$

$$\text{s. t. } R^T R = I, \det(R) = 1。 \tag{3-45}$$

对目标函数中的未知数 R 和 T 进行求解，其中利用奇异值分解法对 R 进行求解，假设已知一个三行三列的实方阵 C，对矩阵 C 进行奇异值分解得到 $USSV^T$，其中，$SS = d(s_i)$ 满足 $s_1 \geqslant s_2 \geqslant, \cdots, \geqslant s_i \geqslant 0$，若使矩阵 $A^T R$ 的迹取得最大值，则可求得最优的旋转矩阵 R 表达式及平移向量 T 如公式（3-46）和公式（3-47）所示。

$$R = UKV^T, \tag{3-46}$$

$$T = \frac{1}{M_F} A^T F^T 1 - SR\frac{1}{M_F} B^T F 1 = \theta_a - SR\theta_b。 \tag{3-47}$$

有 $K = d(1,1,\cdots,1,\det(UV^T))$，$\theta_a = E(A) = \frac{1}{M} A^T F^T 1$，$\theta_b = E(A) = \frac{1}{M} B^T F^T 1$。

对上述参数不断迭代更新，直至不再更新变化，迭代终止，得到最优旋转矩阵和最优平移向量。

本小节采用的点云数据与实验环境同 3. 2. 1 小节一致，采用 CPD 算法（Létoffé et al.，1995）对点云数据进行配准，设置收敛阈值为 0. 0001，CPD 配准前及配准后的结果如图 3-5 所示，配准时间为 2. 5267 秒、配准误差为 0. 4511 毫米。

3. 3. 4　NDT 算法

NDT 算法是以高斯函数作为核函数，将多维高斯分布用来对源点云数据的概率分布进行构建并对目标点云的每一个数据进行映射变换，若是变换的参数可以让 2 组激光扫描数据完全重合在一起，则该变换点的正态分布概率密度函数将会得到一个最大值（Yang et al.，2021）。为了完成配准，对

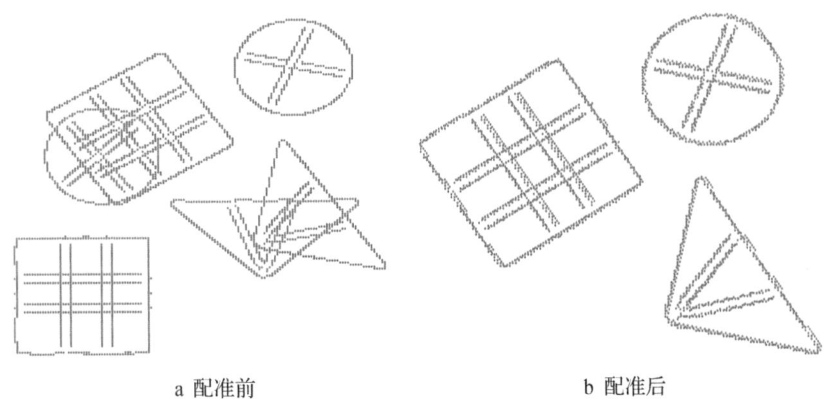

a 配准前　　　　b 配准后

图 3–5　CPD 配准前及配准后的结果

于待求解的变换参数，可以考虑选用优化的方法进行估算，如此 2 组激光扫描到的点云数据便可以有效地进行配准。具体数学原理如下：

首先将源点云 P 网格化，即使用小立方体对整个点云进行划分，计算出每一个网格内点的均值和协方差，如公式（3–48）所示。

$$\begin{cases}\mu = \dfrac{1}{m}\sum\limits_{k=1}^{m} p_k \\ \Sigma = \dfrac{1}{m-1}\sum\limits_{k=1}^{m}(p_k-\mu)(p_k-\mu)^T\end{cases}。\tag{3-48}$$

其中，p_k 表示每一个网格中的第 k 个点。则每一个网格内的所有点的高斯概率密度函数如公式（3–49）所示。

$$f(p) = \frac{1}{(2\pi)^{3/2}|\Sigma|\frac{1}{2}}\exp - \frac{(p-\mu)^T\Sigma^{-1}(p-\mu)}{2}。\tag{3-49}$$

其中，p 表示当前采样点。将目标点云 Q 中的点刚性变换如公式（3–50）所示。

$$\mathrm{F}(R,t|p_j) = Rp_j + t。\tag{3-50}$$

改变点的位置。当给定扫描点的一些概率密度函数并最大化下面的似然函数时，则达到最佳位置，如公式（3–51）所示。

$$\Psi = \prod_{j=1}^{M} f[\mathrm{F}(R,t|p_j)]。\tag{3-51}$$

对上式取对数并取负值，可得公式（3–52）。

$$
\begin{aligned}
-\log \Psi &= -\log \prod_{j=1}^{M} f[\mathrm{F}(R,t|p_j)] \\
&= -\sum_{j=1}^{M} \log f[\mathrm{F}(R,t|p_j)]。
\end{aligned}
\tag{3-52}
$$

为了进一步降低异常值对结果产生的影响，这里采用正态分布和均匀分布的混合模型作为核函数，如公式（3-53）所示。

$$
f(p) = c_1 \exp - \frac{(p-\mu)^T \Sigma^{-1} (p-\mu)}{2} + c_1 p_0。 \tag{3-53}
$$

其中，p_0 是异常值的预期比率；c_1、c_2 可以通过求 $f(p)$ 的概率质量得到。结合公式（3-52）可知在目标函数中每一项都有公式（3-54）。

$$
\bar{f}(p) = -\log\left[c_1 \exp - \frac{(p-\mu)^T \Sigma^{-1} (p-\mu)}{2} + c_2\right]。 \tag{3-54}
$$

然而该形式的二阶导数非常复杂，所以将公式（3-55）替换为公式（3-56）

$$
\bar{f}(x) = c_1 \exp\left(-\frac{x^2}{2\sigma^2}\right) + c_2, \tag{3-55}
$$

$$
\tilde{f}(p) = d_1 \exp\left(-\frac{d_2 x^2}{2\sigma^2}\right) + d_3。 \tag{3-56}
$$

经过推算可得公式（3-57）。

$$
\begin{cases}
d_1 = -\log(c_1 + c_2) - d_3 \\
d_2 = -2\log\left\{-\log\left[c_1 \exp\left(-\frac{1}{2}\right) + c_2\right] - d_3\right\} - 2\log d_1 \\
d_3 = -\log c_2
\end{cases}
。 \tag{3-57}
$$

则目标函数可以改写为公式（3-58）。

$$
s(p) = -\sum_{j=1}^{M} \tilde{f}[\mathrm{F}(R,t|p_j)]。 \tag{3-58}
$$

对目标函数的运算中会涉及对协方差矩阵的逆运算，如果网格中的点完全共面或共线，那么协方差矩阵是奇异的就无法求逆，所以需要对协方差矩阵进行校正，校正方法为：如果 Σ 的最大特征值 λ_3 大于 λ_1 或 λ_2 的 100 倍，较小的特征值 $\lambda_{\min}$ 被替换为 $\lambda_{\min} = \lambda_3/100$，即公式（3-59）。

$$
\Sigma' = V^T \Lambda V。 \tag{3-59}
$$

其中，$\Lambda = \mathrm{diag}(\lambda_1', \lambda_2', \lambda_3)$ 是经过校正后的特征值所构成的对角矩阵；V 是 Σ 的特征向量矩阵。使用 Newton 法对 $s(p)$ 进行求解优化，核心是求解公式

（3-60）。

$$H\Delta \mathrm{F} = -g。\tag{3-60}$$

其中，H 是 Hessian 矩阵；Δ 表示微分算子；g 是梯度向量，也叫 $s(p)$ 的雅克比矩阵的转置。

令 p_j' 表示为公式（3-61）。

$$p_j' = \mathrm{F}(R,t|p_j) - \mu。\tag{3-61}$$

目标函数重新写成公式（3-62）。

$$s(p) = -\sum_{j=1}^{M} d_1 \exp\left(-\frac{d_2}{2}(p_j')^T \Sigma_j^{-1} p_j'\right)。\tag{3-62}$$

梯度向量 g 中的每一个元素 g_i 可以表示为公式（3-63）。

$$g_i = \frac{\partial s}{\partial p_i} = \sum_{j=1}^{M} d_1 d_2 (p_j')^T \Sigma_j^{-1} \frac{\partial p'}{\partial p_i} \exp\left(-\frac{d_2}{2}(p_j')^T \Sigma_j^{-1} p_j'\right)。\tag{3-63}$$

其中，p_i 表示点 p 中的第 i 个元素。Hessian 矩阵 H 中的每一个元素 h_{ik} 的表示形式如公式（3-64）所示。

$$\begin{aligned} h_{ik} = \frac{\partial^2 s}{\partial p_i \partial p_k} = \sum_{j=1}^{M} d_1 d_2 \exp\left[-\frac{d_2}{2}(p_j')^T \Sigma_j^{-1} p_j'\right]\Big\{ & -d_2 (p_j')^T \Sigma_j^{-1} \frac{\partial p'}{\partial p_i} \\ & \left[-d_2 (p_j')^T \Sigma_j^{-1} \frac{\partial p'}{\partial p_i} \cdot (p_j')^T \Sigma_j^{-1} \frac{\partial p'}{\partial p_k} + \right. \\ & \left. (p_j')^T \Sigma_j^{-1} \frac{\partial^2 p'}{\partial p_i \partial p_k} + \frac{\partial p'}{\partial p_k} \Sigma_j^{-1} \frac{\partial p'}{\partial p_i}\right]\Big\}。 \end{aligned}\tag{3-64}$$

该算法把每一个概率密度函数均看作是局部曲面值的近似，并对曲面的位置、方向和平滑度进行描述，认为其具有较为良好的鲁棒性。但 NDT 算法在每一次的迭代运算中，都需要计算中间量 Hessian 矩阵，随着目标点云数量的增加，算法的运算量也随之增大，针对数据量较大的点云耗时较多。

3.4　本章小结

本章重点介绍了 ICP 算法的原理及 2 种针对 ICP 算法缺陷而提出的改进算法，最后介绍了 4 种基于统计学原理的点云配准算法，包括主成分分析法（PCA）、独立成分分析法（ICA）、基于高斯混合模型的 CPD 算法及基于高斯核函数的 NDT 算法，并分析了这些算法的优势与不足，为本书所提算法提供对比依据。

第4章　基于核典型相关分析的点云配准算法

为了解决三维点云在散乱无序、遮挡或缺失及噪声干扰情况下的配准问题，本章节根据同种类型的数据具有较强相关性的特点，提出了一种基于典型相关分析的点云配准算法，该算法首先把源点云、目标点云做中心化处理；然后通过快速点的直方图分别提取源点云和目标点云的特征点；最后结合核典型相关分析原理、拉格朗日（Lagrange）原理及柯西－施瓦茨（Cauchy-Schwarz）不等式等求出源点云与目标点云各自的相关性转换矩阵，并求解出点云配准中的旋转矩阵与平移向量，并根据配准后两点云对应维度之间的范数比值来估算出放缩因子（唐志荣 等，2019）。通过与其他配准算法在不同噪声环境、缺失及放缩环境下的仿真，以及对实物扫描点云的配准精度与配准效率的比较，验证了本章算法对噪声和放缩环境下的点云配准的有效性、可行性及鲁棒性。

4.1　Cauchy-Schwarz 不等式

在许多行业都有 Cauchy-Schwarz 不等式的身影，如线性代数、数学分析、概率论、向量代数及其他领域，其能够很灵活地处理其他方法难以解决的数学问题，被认为是数学中一种重要的不等式。该不等式在 1821 年被柯西提出，1859 年布尼亚克夫斯基对它的积分形式进行了完善，随后施瓦茨于 1888 年给出其积分形式的现代证明（唐志荣，2020）。

离散形式的 Cauchy-Schwarz 不等式可以定义为：若 $a_1, a_2, \cdots, a_n$ 和 $b_1, b_2, \cdots, b_n$ 是任意实数，则有公式（4-1）。

$$\left(\sum_{i=1}^{n} a_i b_i\right)^2 \leqslant \left(\sum_{i=1}^{n} a_i^2\right)\left(\sum_{i=1}^{n} b_i^2\right)。\tag{4-1}$$

若 $a_i \neq 0$，则存在唯一实数 ξ 使得上式取“＝”。

连续形式的 Cauchy-Schwarz 不等式可以定义为：若 $f(x)$ 和 $g(x)$ 在一封

闭区间 $[a,b]$ 上可积，则有公式（4-2）。

$$\left[\int_a^b f(x)g(x)\mathrm{d}x\right]^2 \leqslant \left[\int_a^b f(x)^2\mathrm{d}x\right]\left[\int_a^b g(x)^2\mathrm{d}x\right]。\tag{4-2}$$

向量形式的 Cauchy-Schwarz 不等式可以定义为：在 n 维空间中，对任意向量 $\alpha = (a_1,a_2,\cdots,a_n)^T$ 和 $\beta = (b_1,b_2,\cdots,b_n)^T$，有公式（4-3）。

$$(\alpha^T\beta) \leqslant (\alpha^T\alpha)(\beta^T\beta)。\tag{4-3}$$

当且仅当 α 与 β 呈线性关系时取“=”。

4.2　典型相关分析

典型相关分析着重于辨别和量化随机变量每两者之间的相关程度，它是把对 2 个随机变量的运算推广到对 2 组变量作用下的相关性计算（陈宜治，2011）。在数理统计中，为了量化 2 个随机变量 X 和 Y 之间的相关程度，可以使用两者之间的相关系数进行表示，如公式（4-4）所示。

$$\rho = \frac{\mathrm{Cov}(X,Y)}{\sqrt{\mathrm{Var}(X)}\sqrt{\mathrm{Var}(Y)}}。\tag{4-4}$$

其中，Cov( ) 表示协方差，Var( ) 表示方差。然而在实际工程中，通常需要研究的是变量组与变量组之间的相关程度，即 $X = \{X_1,X_2,\cdots,X_H\}$ 和 $Y = \{Y_1,Y_2,\cdots,Y_G\}$，虽然公式（4-4）能反映每一对变量 X_h 和 Y_g 之间的相关性，但不能全方位地体现出 2 组变量整体之间存在着多大的相关性，尤其是在变量的维度过高的情况下，只片面地了解各对变量 X_h 和 Y_g 之间的相关性，对工业中的实际问题意义不大，不利于全面分析和解决实际问题（陈宜治，2011）。

为了抓住问题的本质，根据主成分分析的思路，分别将各种变量构造为线性组合，从而把计算 2 组变量整体的相关性转换为对 2 个变量相关系数的计算，即公式（4-5）。

$$\begin{cases} U = a_1X_1 + a_2X_2 + \cdots + a_HX_H = a^TX \\ V = b_1Y_1 + b_2Y_2 + \cdots + b_GY_G = b^TY \end{cases}。\tag{4-5}$$

其中，$a = (a_1,a_2,\cdots,a_H)^T$，$b = (b_1,b_2,\cdots,b_G)^T$。通过计算出向量 a 与 b，使得变量 U 与 V 之间的相关性达到最大，即两者之间具有最大的相关系数，称（U,V）为一对典型变量。若只计算出 1 组典型变量可能无法完全提取出 2 组变量之间的关系，还可以进一步地构造第二组、第三组并以此类推，但前提是各组典型变量需要满足互不相关。这样便可以将 2 组变量之间的相关性归纳为对一小部分几组典型变量之间的相关性。

4.3 核典型相关分析

普通的线性典型相关分析只能局限于计算线性相关的 2 组随机变量，而在实际工程中，变量间的关系通常是以非线性的形式呈现的，为了解决此类情况下的相关性分析，于是非线性的核典型相关分析（Kernel Canonical Correlation Analysis，KCCA）被提出（Akaho et al.，2001；Hardoon et al.，2004）。核典型相关分析的主要原理是把核函数引入典型相关分析中，从而把低维的数据映射到高维的特征空间（许洁 等，2016），即核函数空间，并通过核函数方便地在核函数空间进行关联分析。

KCCA 的数学理论如下：

引入一个核函数 $\phi(\cdot)$，并利用该函数把非线性的观测数据 $X=\{X_1,X_2,\cdots,X_H\}$ 和 $Y=\{Y_1,Y_2,\cdots,Y_G\}$ 转换到高维特征子空间内，如公式（4-6）所示。

$$\begin{cases}\phi_X:X_h\rightarrow\phi_X(X_h)\\ \phi_Y:Y_g\rightarrow\phi_Y(Y_g)\end{cases}。\tag{4-6}$$

然后再寻找出典型变量如公式（4-7）所示。

$$\begin{cases}u=\langle a,\phi_X(X)\rangle\\ v=\langle b,\phi_Y(Y)\rangle\end{cases}。\tag{4-7}$$

其中，u 和 v 是典型变量；a 和 b 的维度为映射后的空间。使 $\phi_X(X_h)$ 和 $\phi_Y(Y_g)$ 的相关系数最大，根据典型相关分析的原理可知，需要进行优化的模型如公式（4-8）所示。

$$\begin{aligned}&\max\ a^T\phi_X(X_h)^T\phi_Y(Y_g)b,\\ &\text{s.t.}\ a^T\phi_X(X_h)^T\phi_X(X_h)a=1,\\ &b^T\phi_Y(Y_g)^T\phi_Y(Y_g)b=1。\end{aligned}\tag{4-8}$$

然而，若是直接对上述模型进行优化，那么就无法引入核函数。因此，引入 Lagrange 正则化如公式（4-9）所示。

$$L(a,b,\phi_X(X_h),\phi_Y(Y_g))=a^T\phi_X(X_h)^T\phi_Y(Y_g)b-\frac{\lambda_1}{2}a^T\phi_X(X_h)^T\phi_X(X_h)a-$$

$$\frac{\lambda_2}{2}b^T\phi_Y(Y_g)^T\phi_Y(Y_g)b+\frac{\eta}{2}(\|a\|^2+\|b\|^2)。 \tag{4-9}$$

将上式分别对 a 和 b 进行求偏导并分别令偏导等于零，可得公式（4-10）。

$$\begin{cases} a=\dfrac{\phi_X(X_h)^T(\lambda_1\phi_X(X_h)a-\phi_Y(Y_g)b)}{\eta}=\phi_X(X_h)^Tc \\ b=\dfrac{\phi_Y(Y_g)^T(\lambda_2\phi_Y(Y_g)b-\phi_X(X_h)a)}{\eta}=\phi_Y(Y_g)^Td \end{cases}。 \tag{4-10}$$

其中，$c=\dfrac{(\lambda_1\phi_X(X_h)a-\phi_Y(Y_g)b)}{\eta}$，$d=\dfrac{(\lambda_2\phi_Y(Y_g)b-\phi_X(X_h)a)}{\eta}$。根据上式，$c$ 和 d 可以看作 a 和 b 在高维核空间的加权向量。利用以上结果，模型可转化为公式（4-11）。

$$\begin{aligned} &\max\ c\phi_X(X_h)^T\phi_X(X_h)\phi_Y(Y_g)^T\phi_Y(Y_g)d, \\ &\text{s. t. } c\phi_X(X_h)^T\phi_X(X_h)(X_h)^T\phi_X(X_h)c=1, \\ &d\phi_Y(Y_g)^T\phi_Y(Y_g)\phi_Y(Y_g)^T\phi_Y(Y_g)d=1。 \end{aligned} \tag{4-11}$$

这里可以将核函数改写为 $K=\phi(\cdot)^T\phi(\cdot)$，则上述优化函数可以简化为公式（4-12）。

$$\begin{aligned} &\max\ cK_XK_Yd \\ &\text{s. t. } cK_XK_Xc=1 \\ &dK_YK_Yd=1。 \end{aligned} \tag{4-12}$$

公式（4-12）即是普通典型相关分析的优化形式，采用典型相关分析的求解法即可计算出 2 组非线性变量的相关性。由于核可以根据别的核进行生成，所以核函数在运用上具有灵活性。可调参数的数量和更新时间不依赖于使用属性的数量，使得该方法拥有优势。

4.4　基于核典型相关分析的点云配准

通常由于扫描角度等因素的影响，会导致源点云与目标点云之间在几何形态上有所差异，故采用 FPFH 提取源点云 P 与目标点云 Q 之间的关键点并以此组成新的源点云 P_F 与目标点云 Q_F。为了方便处理源点云与目标点云的配准，我们对点云 P_F 和点云 Q_F 进行中心化，转化到同一坐标系下如公式

(4-13) 所示。

$$\begin{cases} P' = P_{\mathrm{F}} - \dfrac{1}{N_1}\sum_{n=1}^{N_1} p_{\mathrm{F}}(n) I_{1\times N_1} \\ Q' = Q_{\mathrm{F}} - \dfrac{1}{M_1}\sum_{m=1}^{M_1} q_{\mathrm{F}}(m) I_{1\times M_1} \end{cases}。 \tag{4-13}$$

根据典型相关的原理，对点云 P' 和点云 Q' 随机乘以一个旋转矩阵，在不改变点云几何形态的前提下进行随机旋转，如公式 (4-14) 所示。

$$\begin{cases} P_{M'} = M'P' = \{m'^T_1 P', m'^T_2 P', m'^T_3 P'\}^T \\ Q_M = MQ' = \{m^T_1 Q', m^T_2 Q', m^T_3 Q'\}^T \end{cases} \tag{4-14}$$

其中，$M' = \{m'_1, m'_2, m'_3\}^T \in R^{3\times 3}$，满足 $M'M'^T = I$；$M\{m_1, m_2, m_3\}^T \in R^{3\times 3}$，满足 $MM^T = I$。使点云 $P_{M'}$ 和点云 Q_M 对应各维度之间的相关性最大，即相关系数最大，如公式 (4-15) 所示。

$$\begin{aligned} \rho_i &= \underset{(m'_i, m_i)}{\operatorname{argmax}} \frac{\operatorname{Cov}(m'^T_i P', m^T_i Q')}{\sqrt{\operatorname{Var}(m'^T_i P')} \cdot \sqrt{\operatorname{Var}(m^T_i Q')}} \\ &= \underset{(m'_i, m_i)}{\operatorname{argmax}} \frac{m'^T_i P' Q'^T m_i}{\sqrt{m'^T_i P' P'^T m'_i} \cdot \sqrt{m^T_i Q' Q'^T m_i}} \\ &= \underset{(m'_i, m_i)}{\operatorname{argmax}} \frac{m'^T_i \Sigma_{P'Q'} m_i}{\sqrt{m'^T_i \Sigma_{P'} m'_i} \cdot \sqrt{m^T_i \Sigma_{Q'} m_i}}, \\ i &= 1,2,3。 \end{aligned} \tag{4-15}$$

其中，$\Sigma_{P'Q'}$ 表示点云 P' 和点云 Q' 的协方差矩阵；$\Sigma_{P'}$ 表示点云 P' 的协方差矩阵；$\Sigma_{Q'}$ 表示点云 Q' 的协方差矩阵。可以看出，公式 (4-15) 是典型相关分析的基本模型，但考虑到在实际应用中，由于遮挡等原因，源点云与目标点云之间的点数并不相等，此类情况导致公式 (4-15) 并不成立，所以引入 KCCA 对其进行改进，引入一个核函数如公式 (4-16) 所示。

$$K(x, y) = xx^T \cdot yy^T。 \tag{4-16}$$

对公式 (4-15) 进行替换，则公式 (4-15) 可以重写，如公式 (4-17) 所示。

$$\begin{aligned} \rho_i &= \underset{(m'_i, m_i)}{\operatorname{argmax}} \frac{m'^T_i K(P', Q') m_i}{\sqrt{m'^T_i K(P', P') m'_i} \cdot \sqrt{m^T_i K(Q', Q') m_i}} \\ &= \underset{(m'_i, m_i)}{\operatorname{argmax}} \frac{m'^T_i P' P'^T \widetilde{Q} \widetilde{Q}^T m_i}{\sqrt{m'^T_i P' P'^T P' P'^T m'_i} \cdot \sqrt{m^T_i Q' Q'^T Q' Q'^T m_i}} \end{aligned}$$

$$= \underset{(m_i',m_i)}{\operatorname{argmax}} \frac{m'^T_i \Sigma_P \Sigma_Q m_i}{\sqrt{m'^T_i \Sigma_P \Sigma_P m_i'} \cdot \sqrt{m_i^T \Sigma_Q \Sigma_Q m_i}},$$

$$i = 1,2,3。 \tag{4-17}$$

根据线性运算知识可知，随机变量乘以任意常数只会改变变量的模长而不会改变向量的方向，根据公式（4-4）可以看出，变量与变量之间的相关系数不会发生改变，故添加约束条件如公式（4-18）所示。

$$\begin{cases} (1-\tau) m'^T_i \Sigma_P^2 m' + \tau m'^T_i \Sigma_P m' = 1 \\ (1-\tau) m_i^T \Sigma_Q^2 m_i + \tau m_i^T \Sigma_Q m_i = 1 \end{cases}。 \tag{4-18}$$

其中，$\tau \in [0,1]$ 是正则化参数。根据数学分析中的极值条件，在这里引入拉格朗日乘数，并引入正则化项，可得公式（4-19）。

$$\begin{aligned} \varphi(m_i',m_i,\Sigma_P,\Sigma_Q) = {} & m'^T_i \Sigma_P \Sigma_Q m_i - \frac{\lambda_P(i)}{2}[(1-\tau) m'^T_i \Sigma_P^2 m' + \\ & \tau m'^T_i \Sigma_P m' - 1] - \frac{\lambda_Q(i)}{2}[(1-\tau) m_i^T \Sigma_Q^2 m_i + \\ & \tau m_i^T \Sigma_Q m_i - 1]。 \end{aligned} \tag{4-19}$$

其中，$\lambda_P(i) \in (0,1)$ 和 $\lambda_Q(i) \in (0,1)$ 是引入的正则化因子。将上式分别对 m_i' 和 m_i 进行求偏导，并令偏导为 0，得到极值条件如公式（4-20）所示。

$$\begin{cases} \dfrac{\partial \varphi(m'^T_i, m_i^T, \Sigma_P, \Sigma_Q)}{\partial m_i'} = \Sigma_P \Sigma_Q m_i - \lambda_P(i)[(1-\tau)\Sigma_P^2 m_i' + \tau \Sigma_P m_i'] = 0 \\ \dfrac{\partial \varphi(m'^T_i, m_i^T, \Sigma_P, \Sigma_Q)}{\partial m_i} = \Sigma_Q \Sigma_P m_i' - \lambda_Q(i)[(1-\tau)\Sigma_Q^2 m_i + \tau m_i] = 0 \end{cases}。 \tag{4-20}$$

将公式（4-20）中的上下两式分别左乘 m'^T_i 和 m_i^T，结合公式（4-18）可得公式（4-21）。

$$\rho_i = \lambda_P(i) = \lambda_Q(i) = \underset{(m_i',m_i)}{\operatorname{argmax}}\, m'^T_i \Sigma_P \Sigma_Q m_i。 \tag{4-21}$$

为了求解出 m_i 和 m_i'，令

$$\begin{cases} u_i = [(1-\tau)\Sigma_P^2 + \tau \Sigma_P]^{\frac{1}{2}} m_i' \\ v_i = [(1-\tau)\Sigma_Q^2 + \tau \Sigma_Q]^{\frac{1}{2}} m_i \end{cases}。 \tag{4-22}$$

其中，$u_i \in R^{3\times1}$ 和 $v_i \in R^{3\times1}$ 显然满足 $u_i^T u_i = v_i^T v_i = 1$，则公式（4-22）可以表示为如公式（4-23）所示。

$$\rho_i = \underset{(u_i,v_i)}{\arg\max}\, u_i^T[(1-\tau)\Sigma_P^2+\tau\Sigma_P]^{-\frac{1}{2}}\Sigma_P\Sigma_Q[(1-\tau)\Sigma_Q^2+\tau\Sigma_Q]^{-\frac{1}{2}}v_i。 \tag{4-23}$$

为了简化表达式，令

$$\begin{cases}\varphi(\tau,\Sigma_P,\Sigma_Q) = [(1-\tau)\Sigma_P^2+\tau\Sigma_P]^{-\frac{1}{2}}\Sigma_P\Sigma_Q[(1-\tau)\Sigma_Q^2+\tau\Sigma_Q]^{-\frac{1}{2}} \\ \varphi(\tau,\Sigma_Q,\Sigma_P) = [(1-\tau)\Sigma_Q^2+\tau\Sigma_Q]^{-\frac{1}{2}}\Sigma_Q\Sigma_P[(1-\tau)\Sigma_P^2+\tau\Sigma_P]^{-\frac{1}{2}}\end{cases}, \tag{4-24}$$

根据 Cauchy-Schwarz 不等式可得公式（4-25）。

$$\begin{cases}u_i^T\varphi(\tau,\Sigma_P,\Sigma_Q)v_i \leqslant \sqrt{[u_i^T\varphi(\tau,\Sigma_P,\Sigma_Q)][u_i^T\varphi(\tau,\Sigma_P,\Sigma_Q)]^T}\cdot\sqrt{v_i^Tv_i} \\ \qquad = \sqrt{\sqrt{[u_i^T\varphi(\tau,\Sigma_P,\Sigma_Q)][u_i^T\varphi(\tau,\Sigma_P,\Sigma_Q)]^T}} \\ u_i^T\varphi(\tau,\Sigma_P,\Sigma_Q)v_i \leqslant \sqrt{u_i^Tu_i}\cdot\sqrt{[\varphi(\tau,\Sigma_P,\Sigma_Q)v_i]^T[\varphi(\tau,\Sigma_P,\Sigma_Q)v_i]} \\ \qquad = \sqrt{[\varphi(\tau,\Sigma_P,\Sigma_Q)v_i]^T[\varphi(\tau,\Sigma_P,\Sigma_Q)v_i]}\end{cases}。 \tag{4-25}$$

当且仅当 $u_i^T\varphi(\tau,\Sigma_P,\Sigma_Q)$ 与 v_i^T 呈线性关系时，取“=”。根据矩阵的相容性可以进一步得出公式（4-26）。

$$\begin{cases}\rho_i = \max\limits_{\|u_i\|=1}\|\varphi(\tau,\Sigma_P,\Sigma_Q)u_i\| \\ \rho_i = \max\limits_{\|v_i\|=1}\|\varphi(\tau,\Sigma_Q,\Sigma_P)v_i\|\end{cases}。 \tag{4-26}$$

当 u_i 和 v_i 分别是 $\varphi(\tau,\Sigma_P,\Sigma_Q)$ 和 $\varphi(\tau,\Sigma_Q,\Sigma_P)$ 的第 i 个特征向量时，ρ_i 取最大值即第 i 个特征值。所以只需要对 $\varphi(\tau,\Sigma_P,\Sigma_Q)$ 做奇异值分解，如公式（4-27）所示。

$$\varphi(\tau,\Sigma_P,\Sigma_Q) = USV^T。 \tag{4-27}$$

可得公式（4-28）。

$$\begin{cases}U = \{u_1,u_2,u_3\} \\ V = \{v_1,v_2,v_3\}\end{cases}。 \tag{4-28}$$

再将 u_i 和 v_i 的值带回公式（4-22）便可求解出 m_i' 和 m_i 的值，同时为了保证 M' 和 M 的正交性，只需要对其做奇异值分解后重组。

当完成上述对点云 P' 和点云 Q' 方向旋转且相关系数达到最大后，$P_{M'}$ 和 Q_M 满足公式（4-29）。

$$P_{M'} = sQ_M。 \tag{4-29}$$

综上所述：

$$R = M'M^T。 \tag{4-30}$$

当式公式（4-29）满足时，有关系如公式（4-31）所示。

$$\begin{cases} m'^T_1 P' = Sm_1^T Q' \\ m'^T_2 P' = Sm_2^T Q' \\ m'^T_3 P' = Sm_3^T Q' \end{cases}。 \tag{4-31}$$

根据公式（4-31）解出放缩因子如公式（4-32）所示。

$$s = \frac{1}{3}\left(\frac{\|m'^T_1 P'\|_2}{\|m_1^T Q'\|_2} + \frac{\|m'^T_2 P'\|_2}{\|m_2^T Q'\|_2} + \frac{\|m'^T_3 P'\|_2}{\|m_3^T Q'\|_2}\right)。 \tag{4-32}$$

根据刚性物理学中的刚体运动，源点云 $P = \{p_n\}, n = 1,2,\cdots,N; p_n \in R^{3\times1}$ 与目标点云 $Q = \{q_m\}, m = 1,2,\cdots,M; q_m \in R^{3\times1}$ 的配准过程可以通过一组映射来完成。

$$p_n = sRq_m + t$$
$$n = 1,2,\cdots,N; m = 1,2,\cdots,M。 \tag{4-33}$$

其中，s 表示仿射尺度；$R \in R^{3\times3}$ 表示旋转矩阵，满足 $RR^T = I$；$t \in R^{3\times1}$ 是一个三维的平移向量。

由公式（4-33）和公式（4-14）可得出公式（4-34）。

$$t = \frac{1}{N_1}\sum_{n=1}^{N_1} p_F(n) - \frac{1}{M_1} sR \sum_{m=1}^{M_1} q_F(m)。 \tag{4-34}$$

为了对目标点云做更加深入的配准，将上面求解出的 R 与 t 代入公式（4-35）目标函数中。

$$\begin{cases} (R^{(k+1)}, t^{(k+1)}) = \underset{R^{(k)} \in R^{3\times3}, t^{(k)} \in R^{3\times1}}{\operatorname{argmin}} \|R^{(k)}Q + t^{(k)} I_{1\times m} - P^{(k)}\|_F^2 \\ R^{(0)} = R, t^{(0)} = t; k \in N \end{cases}。 \tag{4-35}$$

其中，$P^{(k)}$ 是 $R^{(k)}Q$ 在点云 P 中的对应点云；k 是迭代次数。

KCCA 算法流程如图 4-1 所示（Tang et al.，2020）。

4.5　实验及结果分析

本章实验采用斯坦福大学提供的 Armadillo（34 526）、Bunny（31 607）、Cat（10 000）、Dragon（43 775）点云及 Dinosaur（20 586）、Elephant（24 955）三维动物点云数据进行仿真实验，括号里的数据表示点云的点数。

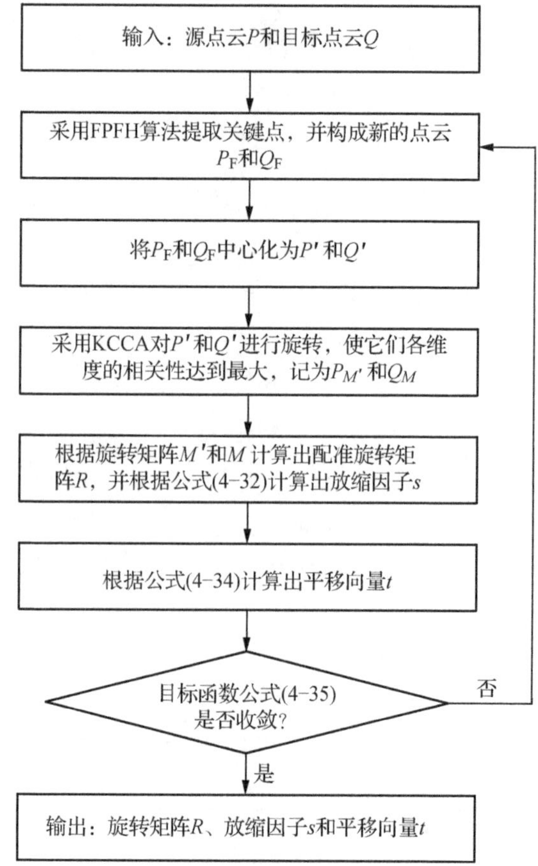

图 4-1　KCCA 算法流程

实验是在 MATLAB2017a 版本、i7-6700HQ 四核处理器和 GTX965M 下进行的。本章采用统计学中的 PCA 算法、ICA 算法、CPD 算法与本章所提算法（KCCA）的配准结果进行比较。

4.5.1　经典配准

通常认为点云数据在一一对应的情况下不存在遮挡、缺失，通过对源点云 Armadillo 和 Cat 的随机旋转和平移得到目标点云，采用红色对源点云进行表示，采用蓝色对目标点云进行表示。其中，Armadillo 的源点云与目标点云之间存在交叉与重叠。点云配准前的初始状态如图 4-2 所示。

4 种算法对 Armadillo 点云和 Cat 点云的配准效果如图 4-3 和图 4-4 所

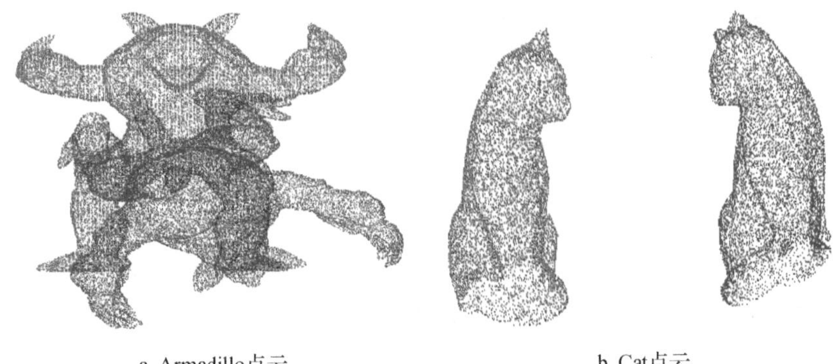

a Armadillo点云　　　　b Cat点云

图 4-2　点云配准前的初始状态

示。上述 4 种算法对 Armadillo 和 Cat 点云的配准时间和配准误差如表 4-1 所示。从图 4-3、图 4-4 和表 4-1 可以看出，在无噪声且数据一一对应的情况下，对 Armadillo 点云的配准中，KCCA 算法与 PCA 和 ICA 算法的配准效率大致相等，比 CPD 算法的配准效率提升了 99.98%；KCCA 算法与 ICA 算法的配准精度近似相等、配准效果相当，是 PCA 算法配准精度的 10 倍，CPD 算法的配准精度和配准效果最差。对 Cat 点云的配准中，KCCA、PCA 和 ICA 算法的配准效率几乎相当，配准精度均在 10^{-15} mm 级；而 CPD 算法导致目标点云的形态失真，虽然能完成配准，但配准的效果和精度都比较差。

a KCCA　　b PCA　　c ICA　　d CPD

图 4-3　4 种算法对 Armadillo 点云的配准效果

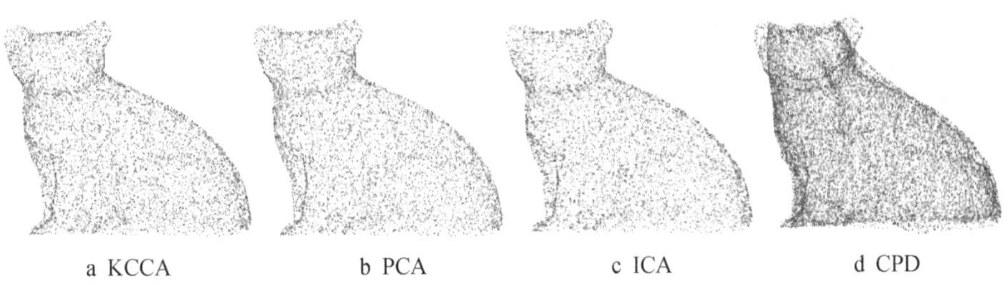

a KCCA　　b PCA　　c ICA　　d CPD

图 4-4　4 种算法对 Cat 点云的配准效果

表 4-1　上述 4 种算法对 Armadillo 和 Cat 点云的配准时间和配准误差

算法	配准时间/s		配准误差/mm	
	Armadillo	Cat	Armadillo	Cat
KCCA	0.14	0.01	2.8321×10^{-14}	1.8852×10^{-15}
PCA	0.07	0.01	1.7601×10^{-14}	2.2590×10^{-15}
ICA	0.13	0.08	1.2369×10^{-13}	2.2327×10^{-15}
CPD	206.41	31.44	3.1222	0.0120

4.5.2　不同噪声环境下的点云配准

算法的抗噪声能力是评价算法优劣的一个重要指标，为了验证本章算法的抗噪声能力，将 Bunny 点云随机旋转和平移得到目标点云，并且给目标点云分别添加信噪比为 30 dB、25 dB、20 dB、15 dB、10 dB 的高斯白噪声，对目标点云进行偏移。在相同条件下，4 种算法对不同噪声环境下的 Bunny 点云进行配准的配准效果如图 4-5 所示。4 种算法在不同噪声环境下对 Bunny 点云的配准时间如表 4-2 所示。

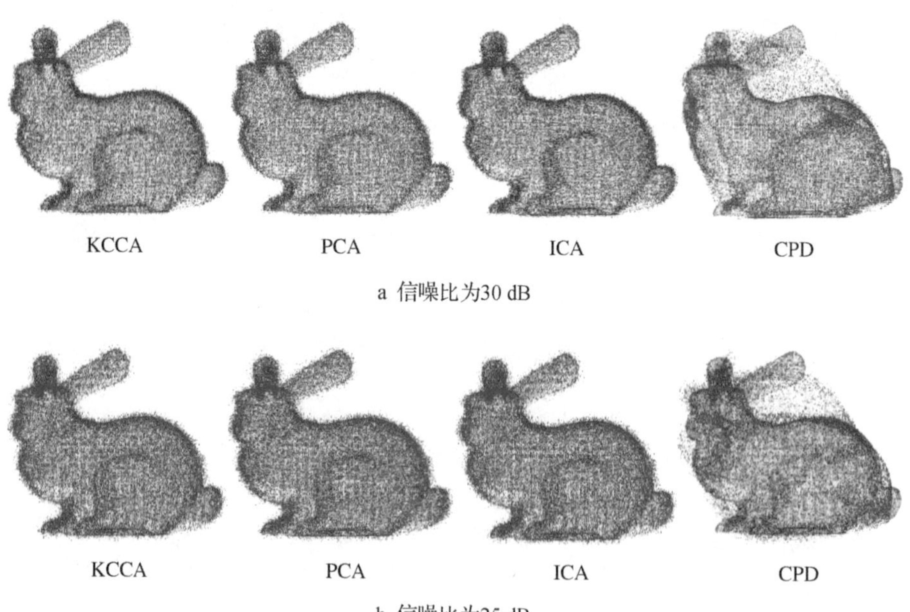

a 信噪比为30 dB

b 信噪比为25 dB

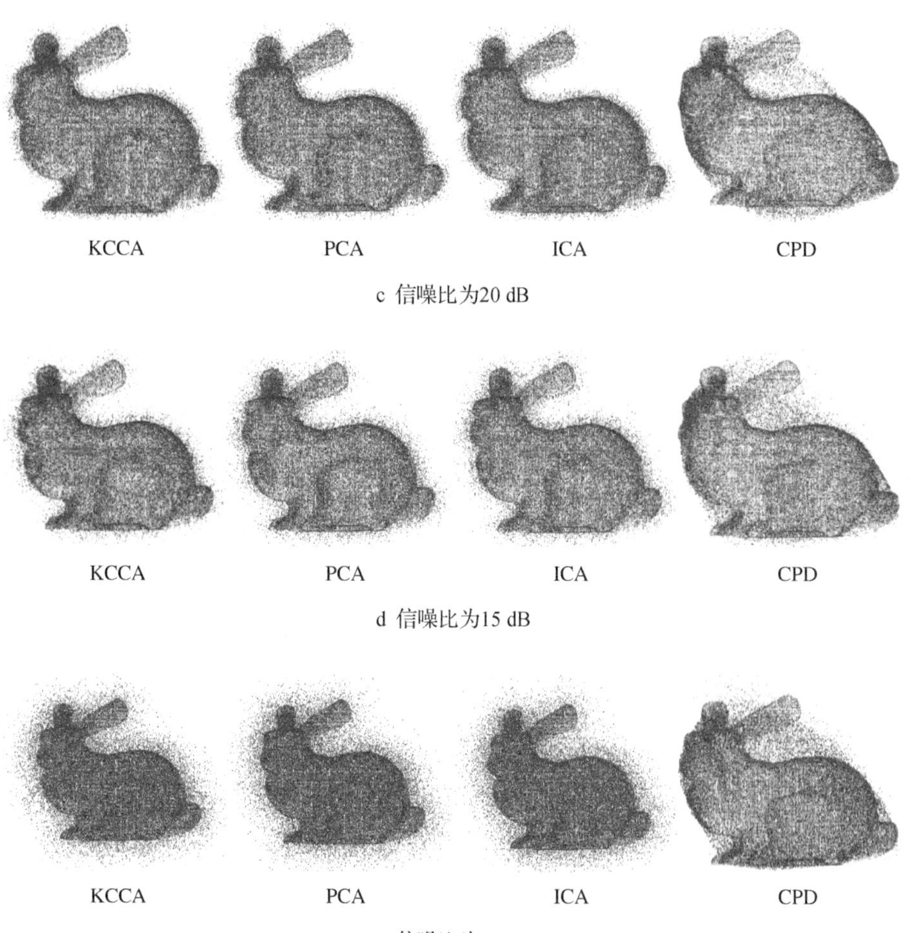

图 4-5　4 种算法对不同噪声环境下的 Bunny 点云的配准效果

表 4-2　4 种算法在不同噪声环境下对 Bunny 点云的配准时间

单位：s

信噪比/dB	算法			
	KCCA	PCA	ICA	CPD
30	0. 16	0. 06	0. 08	152. 26
25	0. 17	0. 08	0. 07	167. 32
20	0. 18	0. 09	0. 08	174. 75

续表

信噪比/dB	算法			
	KCCA	PCA	ICA	CPD
15	0. 19	0. 10	0. 09	171. 82
10	0. 17	0. 09	0. 08	163. 21

根据表 4-2 的数据显示，随着高斯白噪声信噪比的逐渐加大，4 种算法的配准时间差别不大，但是 KCCA、PCA 和 ICA 算法的配准时间变化不大，且配准效率非常高。CPD 算法的配准时间相对很长，相应的配准效率较低。4 种算法在不同噪声环境下对 Bunny 点云的配准误差如图 4-6 所示。

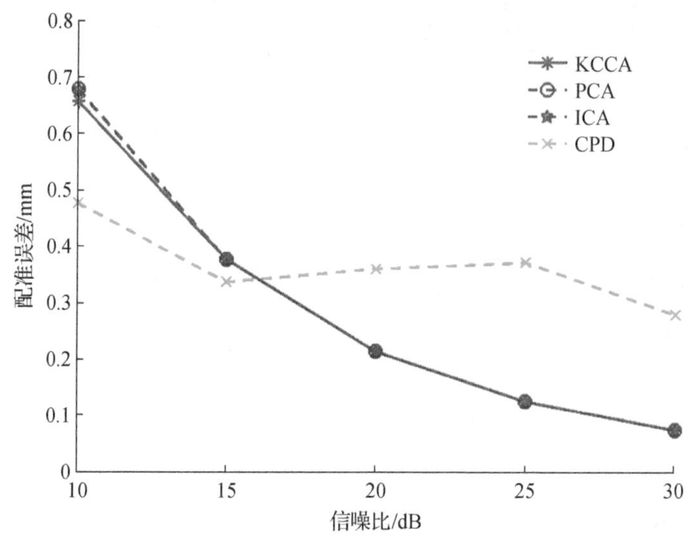

图 4-6　4 种算法在不同噪声环境下对 Bunny 点云的配准误差

由图 4-5 可知，4 种算法能有效地完成各噪声环境下的 Bunny 点云配准，然而 CPD 算法使得目标点云形状发生严重改变。由图 4-6 可知，随着目标点云中添加的噪声信噪比逐渐加大，即高斯白噪声渐渐减弱，各算法的配准误差也逐渐下降，但在 15 dB 之后，CPD 算法的配准误差远大于本章算法的误差，换言之，本章算法的配准精度高于 CPD 算法。虽然 CPD 算法的配准效果较为稳定，但配准精度很差。ICA 算法与 PCA 算法的配准精度与本章算法的配准精度相当。

4.5.3　不同遮挡环境下的点云配准

在实际工程中，由于物体遮挡或反光，使得从不同角度下扫描出的点云之间存在相互遮挡的情况，这可能直接导致不同视觉下扫描到的点云之间存在几何形态上的差异。为了检验 KCCA 算法在此类条件下的配准能力，对 Dinosaur 点云分别进行 2 次遮挡，再对遮挡后的点云进行随机旋转，得到目标点云，2 次遮挡并随机旋转后的初始状态如图 4-7 所示。

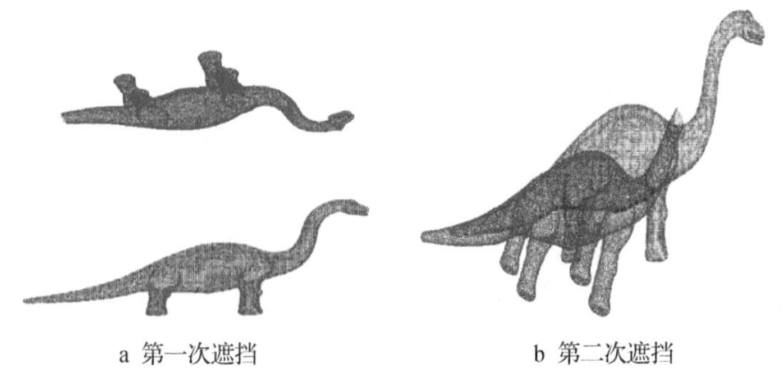

a 第一次遮挡　　b 第二次遮挡

图 4-7　2 次遮挡并随机旋转后的初始状态

从图 4-7a 可以看出，第一次对 Dinosaur 点云的尾部进行遮挡，目标点云与源点云之间的几何形态发生改变；同样，图 4-7b 对 Dinosaur 点云的头部进行遮挡，使得目标点云与源点云之间的几何形态存在很大的差异，这无疑给点云配准带来了困难。另外 2 次遮挡后的目标点云点数发生改变，ICA 算法不能再对其配准，所以这里只采用 CPD 算法和 PCA 算法与 KCCA 算法进行对比，3 种算法对第一次遮挡和第二次遮挡的配准效果分别如图 4-8 和图 4-9 所示。

a KCCA　　b PCA　　c CPD

图 4-8　3 种算法对第一次遮挡的配准效果

图 4-9 3 种算法对第二次遮挡的配准效果

从图 4-8 可以得出，当 Dinosaur 的源点云与目标点云存在尾部遮挡时，KCCA 算法仍然可以非常有效地完成配准，PCA 算法不能对其进行配准，CPD 算法配准了 Dinosaur 点云的头部，但其他部位严重失真。图 4-9 显示了在 3 种算法中只有 KCCA 算法能完成对存在头部遮挡的 Dinosaur 点云的配准，CPD 算法和 PCA 算法均失效。3 种算法对 Dinosaur 点云的配准时间及其误差如表 4-3 所示。

表 4-3 3 种算法对 Dinosaur 点云的配准时间及其误差

算法	配准时间/s		配准误差/mm	
	遮挡头部	遮挡尾部	遮挡头部	遮挡尾部
KCCA	7.85	7.62	0.0087	0.0074
PCA	0.01	0.02	0.0210	0.0212
CPD	85.40	57.49	0.0112	0.0085

表 4-3 的数据显示，KCCA 算法虽然配准时间比 PCA 算法长，但配准精度是 PCA 算法的 2.4138 倍；相比于 CPD 算法，KCCA 算法的配准效率提升了 90.81%，配准精度提升了 22.30%。可以看出，CPD 算法的配准误差虽然不大，但其配准效果很差，证明了 KCCA 算法能对 2 种遮挡情况下的 Dinosaur 点云进行配准。

上述对 Dinosaur 的目标点云存在遮挡的条件下进行配准取得了良好的配准效果。实际上，源点云与目标点云均存在相互遮挡的情况，因此将 2 次遮挡后的 Dinosaur 点云分别作为源点云和目标点云，并采用 3 种算法对其配准（图 4-10）。

当 Dinosaur 的源点云与目标点云均存在遮挡时，KCCA 算法仍能较为有

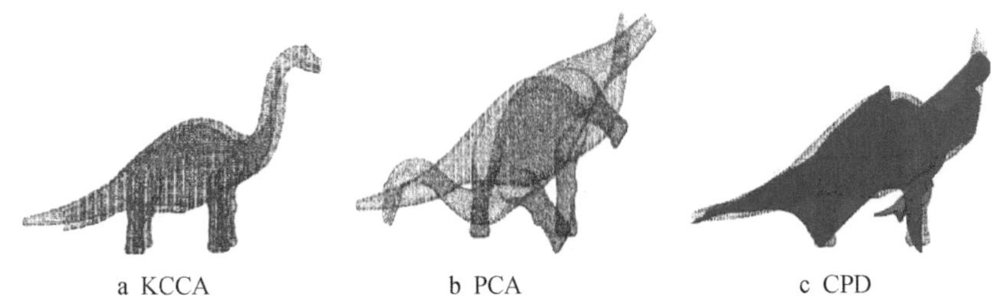

图 4-10　源点云与目标点云均存在遮挡情况的配准效果

效地完成配准，如图 4-10a 所示，但相比于图 4-8 和图 4-9，此时的配准效果有所下降。而图 4-10b 和图 4-10c 则显示出 PCA 算法和 CPD 算法不能完成此条件下的配准。此时，KCCA 算法、PCA 算法和 CPD 算法的配准误差分别为 0.0157 mm、0.0255 mm 和 0.0085 mm。虽然 CPD 算法的配准误差小于 KCCA 算法，但是 CPD 算法引起了目标点云的严重失真。

通过 3 组遮挡实验可以得出，当源点云与目标点云之间的相对遮挡较少时，KCCA 算法可以有效地完成配准，但相对遮挡较多时，该算法可能会使配准效果不理想甚至失效。

4.5.4　放缩配准

通常在实际扫描数据的过程中，由于被扫描物体、扫描器件型号和扫描距离不同等因素影响，可能会造成扫描出来的数据尺寸大小存在差异。为了验证 KCCA 算法具有放缩配准的能力，对 Dragon 点云进行随机旋转，得到目标点云（蓝色），对目标点云数据放大 1.5 倍，为了能使配准效果更直观，对目标点云添加信噪比为 30 dB 的高斯白噪声；对 Elephant 点云进行随机旋转，得到待配准点云（蓝色），将目标点云数据缩小到原来的 1/3，同样对目标点云添加信噪比为 30 dB 的高斯白噪声并对点云进行偏移的处理。源点云用红色表示，采用蓝色对目标点云进行显示，Dragon 点云和 Elephant 点云的初始缩放状态如图 4-11 所示。

由于 PCA 与 ICA 算法不能进行放缩配准，故本小节只采用 CPD 算法与本章算法进行对比。KCCA 算法和 CPD 算法对 Dragon 点云和 Elephant 点云的配准效果如图 4-12 所示。

在图 4-12 的配准效果中，无论是对目标点云的尺度大于源点云尺度的 Dragon 点云，还是目标点云的尺度小于源点云尺度的 Elephant 点云的配准，

a Dragon点云

b Elephant点云

图 4-11　Dragon 点云和 Elephant 点云的初始放缩状态

a KCCA算法对Dragon点云的配准效果

b CPD算法对Dragon点云的配准效果

c KCCA算法对Elephant点云的配准效果

d CPD算法对Elephant点云的配准效果

图 4-12　KCCA 算法和 CPD 算法对 Dragon 点云和 Elephant 点云的配准效果

KCCA 算法的配准效果都优于 CPD 算法。KCCA 算法和 CPD 算法对 Dragon 点云和 Elephant 点云的配准误差和配准时间如表 4-4 所示。

从表 4-4 可以看出，在有噪声和目标点云存在放缩的情况下，KCCA 算法在配准精度和配准效率上都优于 CPD 算法，且 KCCA 算法较之于 CPD 算法具有更好的稳定性。对 Dragon 点云在 30 dB 高斯白噪声的环境下，KCCA 算法配准时间较之于 CPD 算法提高了 99.92%，配准精度相对 CPD 算法提高了 60.61%；对 Elephant 点云在 30 dB 高斯白噪声的环境下，KCCA 算法配准效率比 CPD 算法提升了 99.93%，配准精度相对 CPD 算法提高了 77.23%。

表 4-4　KCCA 算法和 CPD 算法对 Dragon 点云和 Elephant 点云的配准时间和配准误差

算法	配准时间/s		配准误差/mm	
	Dragon	Elephant	Dragon	Elephant
KCCA	0.13	0.08	0.0013	0.0115
CPD	161.93	107.32	0.0033	0.0505

4.6　实物扫描配准

上一节通过对不同点云模型的配准，验证了本章算法能适应于不同点云的配准，并通过与其他算法的对比，验证了本章算法理论的正确性及可行性。在实际应用中配准算法应保证可行性与可靠性，为此采用对现场扫描数据进行配准，以验证本章算法的实用性。采用三维激光扫描仪 HandySCAN 700 对 2 个实物盒子进行扫描，获取实物点云数据，2 个实物盒子如图 4-13 所示。

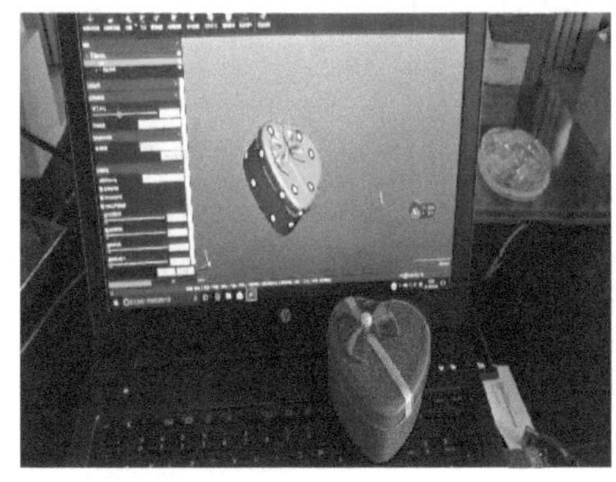

a 桃心盒子

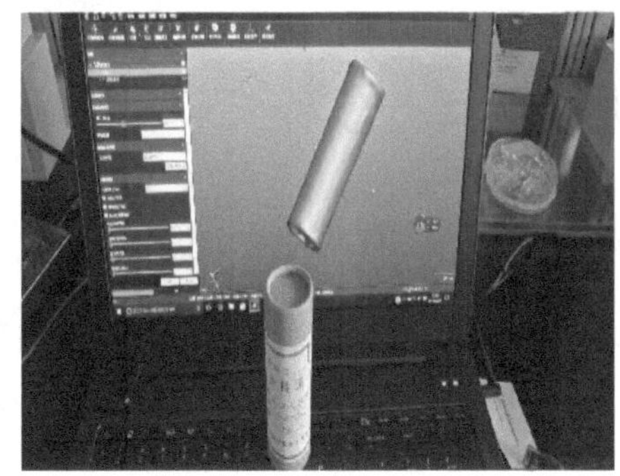

b 器件盒子

图 4-13　2 个实物盒子

通过激光扫描得到桃心盒子点云的点数为 23 953，对器件盒子扫描得到的点云的个数为 15 565。对桃心盒子点云进行随机旋转和平移后，为了便于观察配准效果，再添加信噪比为 30 dB 的高斯白噪声得到目标点云；对器件盒子点云进行随机旋转和平移后，为了便于观察配准效果，再添加信噪比为 30 dB 的高斯白噪声得到目标点云。2 组盒子点云的初始状态如图 4-14 所示。

4 种算法对桃心盒子点云和器件盒子点云的配准效果如图 4-15 和图 4-16 所示。

从图 4-15 和图 4-16 的配准效果来说，对桃心盒子点云的配准中，4 种算法的配准效果在人的视觉看来都能有效地完成配准，但 CPD 算法使目标点云有些失真。对器件盒子点云的配准中，KCCA、ICA 和 PCA 算法的配准效果都差不多，CPD 算法严重导致目标点云失真。4 种算法对桃心盒子点云

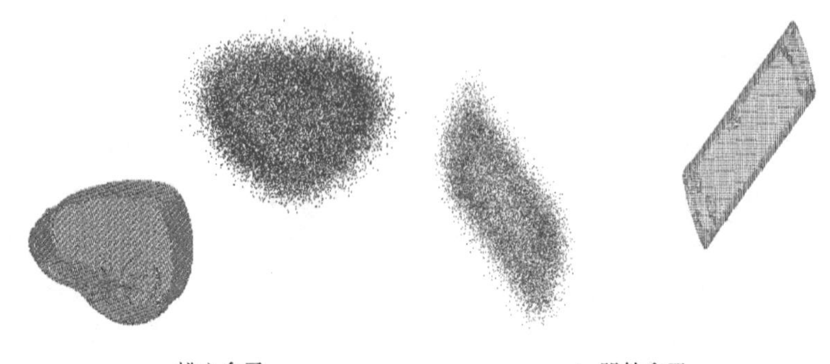

a 桃心盒子　　b 器件盒子

图 4–14　2 组盒子点云的初始状态

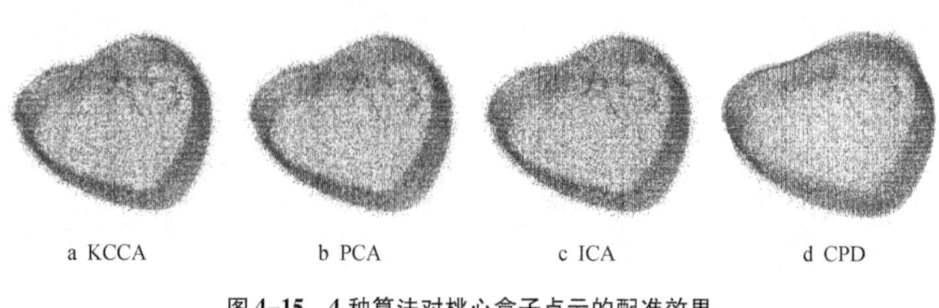

a KCCA　　b PCA　　c ICA　　d CPD

图 4–15　4 种算法对桃心盒子点云的配准效果

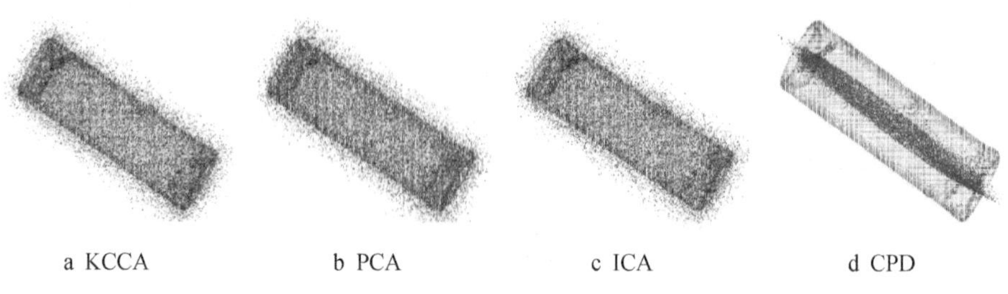

a KCCA　　b PCA　　c ICA　　d CPD

图 4–16　4 种算法对器件盒子点云的配准效果

和器件盒子点云的配准时间和配准误差如表 4–5 所示。表 4–5 显示了 4 种算法的配准效率和精度，可以得出相比于 ICA 算法和 PCA 算法，KCCA 算法在配准时间上与其相差不大，但比之于 CPD 算法的配准时间是非常快的结论。在对桃心盒子点云的配准中，CPD 算法的配准误差最小，但配准时间较长，且目标点云有所失真。在对器件盒子点云的配准中，KCCA 算法拥有最小的配准误差。总体来说，KCCA 算法在保证配准效率的同时能保障配准精度，且能保障目标点云原有的几何状态。

表 4–5　4 种算法对桃心盒子点云和器件盒子点云的配准时间和配准误差

算法	配准时间/s		配准误差/mm	
	桃心盒子	器件盒子	桃心盒子	器件盒子
KCCA	2. 11	2. 42	1. 1520	2. 7696
PCA	0. 09	0. 08	1. 1580	2. 8088
ICA	0. 24	0. 08	1. 1573	2. 7701
CPD	103. 67	43. 96	1. 0421	6. 0050

4. 7　本章小结

本章针对噪声及遮挡条件下的点云提出一种基于核典型分析的配准算法。该算法以统计学中对来自同一物体的多组变量计算相关性的方法为基础，以最大化相关系数为目标，从而对点云刚性变换关系进行求解。本算法能在无任何先验信息、点云数据存在部分重叠且带有噪声的情况下，实现自动配准。在仿真中，采用本章算法对不同体态的动物点云进行配准，验证了本章算法能够配准多种形态的点云。通过实验验证本章算法在配准精度和配准效率上较之于 CPD 算法有提升，与 PCA 算法和 ICA 算法相比，该算法能在源点云与目标点云存在尺度差异的条件下，快速有效地完成配准。然而，当源点云与目标点云之间的初始几何形态相差过大或受到初始位置的影响，KCCA 算法寻找出的对应点之间可能存在错误的对应点对，故本章适合精细配准。

第5章　基于柯西混合模型的点云配准算法

本书第4章基于统计学中核典型分析提出的点云配准算法在源点云与目标点云之间的数据存在相对缺失点或初始位置不佳的情况下，可能存在配准效果不理想的缺陷。为了克服该缺陷，本章从数据自身具有的概率分布出发，结合统计学中柯西函数的长拖尾效应对异常点具有平滑的拟合特性，提出了一种基于柯西混合模型的点云配准算法。该算法采用柯西混合模型对点云数据的概率分布进行拟合，将点云配准的原始数学模型拓展为柯西混合模型，并通过EM算法对模型参数进行更新，最后根据模型参数求取旋转矩阵与平移向量（唐志荣 等，2019）。相比于原始数学模型，柯西混合模型对异常的点和噪声点具有更强的抗干扰能力，对参数的估计具有更强的鲁棒性。

5.1　柯西分布

柯西分布（Cauchy Distribution）又被称为柯西－洛仑兹分布，它是以奥古斯丁·路易·柯西和亨得里克·洛仑兹的名字共同命名的一种具有连续性质的概率分布，身为统计学中的一个具有鲜明特色且能够与高斯分布比肩的连续型分布，其独有的性质向来备受瞩目，柯西概率密度函数的数学模型如公式（5–1）所示。

$$f(x;x_0,\gamma) = \frac{1}{\pi\gamma[1+(x-x_0)^2\gamma^{-2}]}。\tag{5-1}$$

其中，x_0 是用来定义柯西分布峰值所在的位置参数，γ 是一个尺度参数等于最大值处宽度的一半。它具有以下性质：

①数学期望 $E(x)$ 不存在，即公式（5–2）。

$$E(x) = \int_{-\infty}^{+\infty}\left|x\frac{1}{\pi\gamma[1+(x-x_0)^2\gamma^{-2}]}\right|dx = \infty。\tag{5-2}$$

②因为期望 $E(x)$ 不存在，所以方差 $D(x)$ 不存在。

③柯西分布具有可加性。记随机变量 $X = \{x_1,x_2,\cdots,x_N\}$ 服从柯西分布

$C(x_0,\gamma)$，且所有元素相互独立分布，如果 $y = \sum_{n=1}^{N} x_n$，则有 $y \sim C(Nx_0,N\gamma)$。

5.2　柯西混合模型

一个 D 维柯西概率密度函数如公式（5-3）所示。

$$\varphi(x|\mu,\Sigma,D) = \frac{\Gamma\left(\frac{1+D}{2}\right)}{\Gamma\left(\frac{1}{2}\right)\pi^{\frac{D}{2}}|\Sigma|^{\frac{1}{2}}\left[1+(x-\mu)^T\Sigma^{-1}(x-\mu)\right]^{\frac{1+D}{2}}}。\tag{5-3}$$

其中，μ 为数据中心点；Σ 为协方差矩阵；x 表示采样点；Γ 表示伽马函数。对给定的观测数据 $X=\{x_1,x_2,\cdots,x_N\}$，柯西混合模型如公式（5-4）所示。

$$p(X|\alpha,\mu,\Sigma) = \sum_{k=1}^{K}\alpha_k\varphi(X|\mu_k,\Sigma_k)。\tag{5-4}$$

其中，K 表示模型个数；$\alpha=\{\alpha_1,\alpha_2,\cdots,\alpha_K\}$ 表示模型的 K 个权重值；$\mu=\{\mu_1,\mu_2,\cdots,\mu_K\}$ 表示模型的 K 个数据中心点；$\Sigma=\{\Sigma_1,\Sigma_2,\cdots,\Sigma_K\}$ 表示模型的 K 个协方差矩阵。柯西混合模型对数据概率分布的拟合示意如图 5-1 所示。

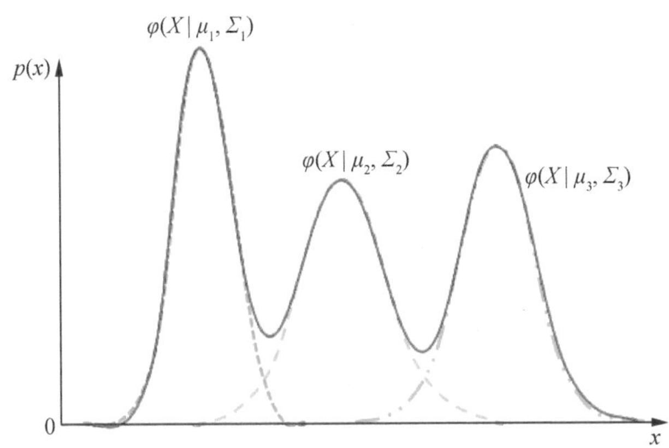

图 5-1　柯西混合模型对数据概率分布的拟合示意

图 5-1 中红色曲线是某数据的概率密度函数，为了能够将其拟合，采用了 3 个（3 阶）柯西概率密度函数（如 3 种不同形状的绿色虚线所示）的分量进行叠加。从图中可以看出，采用 3 个柯西模型可以较为精确地逼近红色曲线，若是想要进一步逼近红色曲线的分布，可以适当地增加模型的个数。

5.3 基于柯西混合模型的点云配准

采用相同阶数的柯西混合模型分别对扫描点云 P 和 Q 数据的分布进行拟合，得到 2 组模型如公式（5-5）所示。

$$\begin{cases} p(P \mid \bar{\alpha},\bar{\mu},\bar{\Sigma}) = \sum_{k=1}^{K} \bar{\alpha}_k f(P \mid \bar{\mu}_k,\bar{\Sigma}_k) \\ p(Q \mid \tilde{\alpha},\tilde{\mu},\tilde{\Sigma}) = \sum_{k=1}^{K} \tilde{\alpha}_k f(Q \mid \tilde{\mu}_k,\tilde{\Sigma}_k) \end{cases} \text{。} \tag{5-5}$$

由于源点云与目标点云之间的数据点存在遮挡、缺失的情况，所以源点云与目标点云数据的概率分布可能存在差异，而权重可以视作对应模型的可信度，因此在 2 组模型中各自选取权重最大的模型参数作为参考，其拟合结果如公式（5-6）所示。

$$\begin{cases} \theta_P = (\bar{\mu}_{k1},\bar{\Sigma}_{k1} \mid \max\ \bar{\alpha}_{k1});1 \leqslant k1 \leqslant K \\ \theta_Q = (\tilde{\mu}_{k2},\tilde{\Sigma}_{k2} \mid \max\ \tilde{\alpha}_{k2});1 \leqslant k2 \leqslant K \end{cases} \text{。} \tag{5-6}$$

由点云的刚性变换可知，P 和 Q 之间协方差存在关系如公式（5-7）所示。

$$\begin{aligned} \Sigma_P &= E\left[\frac{\sum_{n=1}^{N}(p_n - \bar{\mu}_k)(p_n - \bar{\mu}_k)^T}{N-1}\right] \\ &= E\left[\frac{\sum_{m=1}^{M}(sRq_m + t - \tilde{\mu}_k)(sRq_m + t - \tilde{\mu}_k)^T}{M-1}\right] \\ &= s^2 R \Sigma_Q R^T \text{。} \end{aligned} \tag{5-7}$$

所以 2 组柯西混合模型的协方差矩阵的关系如公式（5-8）所示。

$$\bar{\Sigma}_{k1} = s^2 R \tilde{\Sigma}_{k2} R^T \text{。} \tag{5-8}$$

对 $\bar{\Sigma}_{k1}$、$\tilde{\Sigma}_{k2}$ 特征分解可得公式（5-9）。

$$\begin{cases}\bar{\Sigma}_{k1} = U_{k1}^T \Lambda_{k1} U_{k1} \\ \tilde{\Sigma}_{k2} = U_{k2}^T \Lambda_{k2} U_{k2}\end{cases}。\tag{5-9}$$

其中，Λ_{k1}、Λ_{k2} 是2个对角矩阵，除了对角线的元素都是0，主对角线上的每一个元素都是特征值；U_{k1}、U_{k2} 都是采用与特征值相对应的特征向量组合而成的矩阵，满足 $U_{k1}U_{k1}^T = U_{k2}U_{k2}^T = I$。矩阵的旋转不改变矩阵的特性，即公式(5-10)。

$$\Lambda_{k1} = s^2 \Lambda_{k2}。\tag{5-10}$$

由于符号的方向问题，导致 U_{k1}、U_{k2} 经过特征分解后存在6种情况，而只有其中一种情况下的解是正确的，这导致方向存在模糊性，所以需要对公式（5-9）求解出的 U_{k1} 和 U_{k2} 进行符号校准。将点云 P 和 Q 的均值点作为目标向量，当点云无序，数据存在遮挡、缺失及有噪声干扰时，均值向量也比较稳定，均值向量如公式（5-11）所示。

$$\begin{cases}\bar{p} = \dfrac{1}{N}\sum_{n=1}^{N} p_n \\ \bar{q} = \dfrac{1}{M}\sum_{m=1}^{M} q_m\end{cases}。\tag{5-11}$$

假设公式（5-9）求解出的初始特征矩阵表示如公式（5-12）所示。

$$\begin{cases}U_{k1}^{(0)} = \{u_{k1}^{(0)}(1), u_{k1}^{(0)}(2), u_{k1}^{(0)}(3)\} \\ U_{k2}^{(0)} = \{u_{k2}^{(0)}(1), u_{k2}^{(0)}(2), u_{k2}^{(0)}(3)\}\end{cases}。\tag{5-12}$$

采用符号函数sign对 $U_{k1}^{(0)}$ 和 $U_{k2}^{(0)}$ 的每一个特征向量进行方向校准（蒋悦 等，2019），如公式（5-13）所示。

$$\begin{cases}u_{k1}^{(0)}(i) = \mathrm{sign}(\bar{p}^T u_{k1}^{(0)}) u_{k1}^{(1)} \\ u_{k2}^{(0)}(i) = \mathrm{sign}(\bar{q}^T u_{k2}^{(0)}) u_{k2}^{(1)}\end{cases},$$

$$i = 1,2,3。\tag{5-13}$$

得到 $U_{k1}^{(1)} = \{u_{k1}^{(1)}(1), u_{k1}^{(1)}(2), u_{k1}^{(1)}(3)\}$ 和 $U_{k2}^{(1)} = \{u_{k2}^{(1)}(1), u_{k2}^{(1)}(2), u_{k2}^{(1)}(3)\}$。分别求出 $U_{k1}^{(1)}$ 与 $\bar{p}$、$U_{k2}^{(1)}$ 与 $\bar{q}$ 的夹角余弦值，如公式（5-14）所示。

$$\begin{cases}\theta_1^{(0)}(i) = \cos(u_{k1}^{(1)}, \bar{p}) = \dfrac{(u_{k1}^{(1)})^T \bar{p}}{|u_{k1}^{(1)}||\bar{p}|} \\ \theta_2^{(0)}(i) = \cos(u_{k2}^{(1)}, \bar{q}) = \dfrac{(u_{k2}^{(1)})^T \bar{q}}{|u_{k2}^{(1)}||\bar{q}|}\end{cases}。\tag{5-14}$$

其中，|·| 表示向量模长。即可得到公式（5-15）。

$$\begin{cases}\theta_1^{(0)} = \{\theta_1^{(0)}(1), \theta_1^{(0)}(2), \theta_1^{(0)}(3)\} \\ \theta_2^{(0)} = \{\theta_2^{(0)}(1), \theta_2^{(0)}(2), \theta_2^{(0)}(3)\}\end{cases}。\tag{5-15}$$

分别将 θ_1 和 θ_2 中的元素按从大到小依次排列，如公式（5-16）所示。

$$\begin{cases}\theta_1^{(1)} = \{\theta_1^{(1)}(1), \theta_1^{(1)}(2), \theta_1^{(1)}(3)\} \\ \theta_2^{(1)} = \{\theta_2^{(1)}(1), \theta_2^{(1)}(2), \theta_2^{(1)}(3)\}\end{cases}。\tag{5-16}$$

其中，$\theta_1^{(1)}(1) \geqslant \theta_1^{(1)}(2) \geqslant \theta_1^{(1)}(3), \theta_2^{(1)}(1) \geqslant \theta_2^{(1)}(2) \geqslant \theta_2^{(1)}(3)$。按照 $\theta_1^{(1)}$ 和 $\theta_2^{(1)}$ 的排列位置，分别对 $U_{k1}^{(1)}$ 和 $U_{k2}^{(1)}$ 中相应位置上的列向量进行排序后得到公式（5-17）。

$$\begin{cases}U_{k1}^{(2)} = \{u_{k1}^{(2)}(1), u_{k1}^{(2)}(2), u_{k1}^{(2)}(3)\} \\ U_{k2}^{(2)} = \{u_{k2}^{(2)}(1), u_{k2}^{(2)}(2), u_{k2}^{(2)}(3)\}\end{cases}。\tag{5-17}$$

由于最大余弦值因为角度的偏差可能比较大，使得其对应的特征向量偏差随之较大，所以利用另外 2 组较小余弦值所对应的列向量的叉乘来代替，如公式（5-18）所示。

$$\begin{cases}u_{k1}^{(3)}(3) = u_{k1}^{(2)}(1) \times u_{k1}^{(2)}(2) \\ u_{k2}^{(3)}(3) = u_{k2}^{(2)}(1) \times u_{k2}^{(2)}(2)\end{cases}。\tag{5-18}$$

最后得到 $U_{k1}^{(3)} = \{u_{k1}^{(2)}(1), u_{k1}^{(2)}(2), u_{k1}^{(3)}(3)\}$ 和 $U_{k2}^{(3)} = \{u_{k2}^{(2)}(1), u_{k2}^{(2)}(2), u_{k2}^{(3)}(3)\}$。综上所述，可以求出公式（5-19）。

$$R = (U_{k1}^{(3)})^T U_{k2}^{(3)}。\tag{5-9}$$

根据点云的刚性变换关系，$\bar{p}$、$\bar{q}$、μ_{k1} 及 $\tilde{\mu}_{k2}$ 在三维坐标里的空间关系如图 5-2 所示（MAO et al.，2012）。

其数学关系如公式（5-20）所示。

$$\begin{cases}\bar{p} = sR\bar{q} + t \\ \mu_{k1} = sR\tilde{\mu}_{k2} + t\end{cases}。\tag{5-20}$$

将上式分别进行左右相减，并取范数，如公式（5-21）所示。

$$\|\bar{p} - \mu_{k1}\|_2 = s\|R\bar{q} - R\tilde{\mu}_{k2}\|_2。\tag{5-21}$$

根据公式（5-21）可得出尺度放缩因子，如公式（5-22）所示。

$$s = \frac{\|\bar{p} - \mu_{k1}\|_2}{\|R\bar{q} - R\tilde{\mu}_{k2}\|_2} = \frac{\|\bar{p} - \mu_{k1}\|_2}{\|R\|_2\|\bar{q} - \tilde{\mu}_{k2}\|_2} = \frac{\|\bar{p} - \mu_{k1}\|_2}{\|\bar{q} - \tilde{\mu}_{k2}\|_2}。\tag{5-22}$$

将求解出的 R 与 s 代入公式（5-20），可求解出平移向量，如公式（5-23）所示。

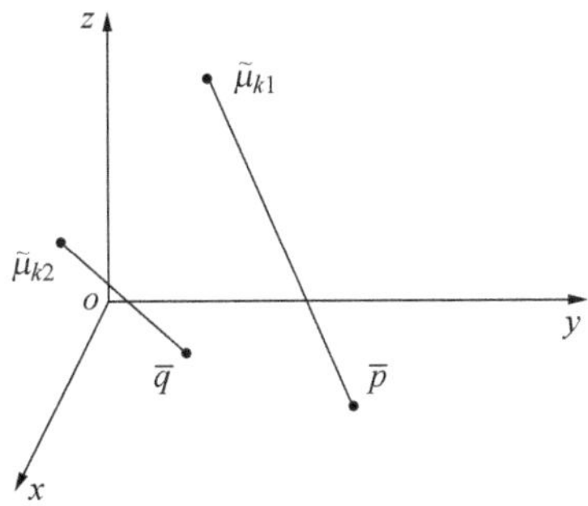

图 5-2　$\bar{p}$、$\bar{q}$、$\boldsymbol{\mu}_{k1}$及$\tilde{\boldsymbol{\mu}}_{k2}$在三维坐标里的空间关系

$$t = \mu_{k1} - sR\tilde{\mu}_{k2}。\tag{5-23}$$

根据所求解出的旋转矩阵 R、平移向量 t 和放缩因子 s 对目标点云进行旋转、平移与放大，如公式（5-24）所示。从而完成配准。

$$Q^{*} = sRQ + tI_{1\times M}。\tag{5-24}$$

5.4　基于 EM 算法的参数估计

根据 5.2 节可知，需要估计的参数有 $\bar{\alpha}$、$\bar{\mu}$、$\bar{\Sigma}$ 和 $\tilde{\alpha}$、$\tilde{\mu}$、$\tilde{\Sigma}$（为了方便表示，统一写为 α、μ、Σ）。对于测量数据 $X = \{x_1, x_2, \cdots, x_N\}$ 基于柯西混合模型的联合概率函数的表示形式如公式（5-25）所示。

$$P(\theta) = P(X|\theta) = \prod_{n=1}^{N} p(x_n|\theta)。\tag{5-25}$$

其中，$\theta = (\theta_1, \theta_2, \cdots, \theta_K), \theta_k = (\alpha_k; \mu_k; \Sigma_k)$。为了便于计算，对 $P(\theta)$ 取对数似然函数，如公式（5-26）所示。

$$\begin{aligned} l(\theta) &= \underset{\theta}{\operatorname{argmax}} \log P(\theta) \\ &= \underset{\theta}{\operatorname{argmax}} \log \prod_{n=1}^{N} P(X|\theta) \\ &= \underset{\theta}{\operatorname{argmax}} \sum_{n=1}^{N} \log P(x_n|\theta) \\ &= \underset{\theta}{\operatorname{argmax}} \sum_{n=1}^{N} \log \sum_{k=1}^{K} \alpha_k \varphi(x_n|\theta_k)。\end{aligned}\tag{5-26}$$

显然，很难直接从公式（5-26）求出 θ 的值，因此这里采用 EM 算法对参数进行估算。根据贝叶斯公式，可以找到由第 k 个柯西模型生成的第 n 组样本 x_n 的后验概率，如公式（5-27）所示。

$$\gamma_{nk}=\frac{\alpha_k\varphi(X|\theta_k)}{\sum_{k=1}^{K}\alpha_k\varphi(X|\theta_k)}。\tag{5-27}$$

根据公式（5-27）可得公式（5-28）。

$$\sum_{k=1}^{K}\gamma_{nk}=1。\tag{5-28}$$

根据 Jensen 不等式的原理，得到函数如公式（5-29）所示。

$$\begin{aligned}l(\theta)&=\underset{\theta}{\operatorname{argmax}}\sum_{n=1}^{N}\log\sum_{k=1}^{K}\gamma_{nk}\frac{\alpha_k\varphi(X|\theta_k)}{\gamma_{nk}}\\&\geqslant\underset{\theta}{\operatorname{argmax}}\sum_{n=1}^{N}\sum_{k=1}^{K}\gamma_{nk}\log\frac{\alpha_k\varphi(x_n|\theta_k)}{\gamma_{nk}}。\end{aligned}\tag{5-29}$$

通过调整公式（5-29）的下界函数，可以得到下界函数的最大值，使得上式可以逐渐逼近最优解或获得局部最优解，如公式（5-30）所示。

$$l(\theta)=\sum_{n=1}^{N}\sum_{k=1}^{K}\gamma_{nk}\log\frac{\alpha_k\times\dfrac{\Gamma\left(\frac{1+D}{2}\right)}{\Gamma\left(\frac{1}{2}\right)\pi^{\frac{D}{2}}|\Sigma_k|^{\frac{1}{2}}[1+(x_n-\mu_k)^T\Sigma_k^{-1}(x_n-\mu_k)]^{\frac{1+D}{2}}}}{\gamma_{nk}}。\tag{5-30}$$

令：

$$\phi_{nk}=1+(x_n-\mu_k)^T\Sigma_k^{-1}(x_n-\mu_k)。\tag{5-31}$$

将公式（5-30）对 μ_k 求偏导，如公式（5-32）所示。

$$\frac{\partial l(\theta)}{\partial\mu_k}=\sum_{n=1}^{N}\gamma_{nk}\times\frac{1+D}{2}\times\frac{-(\Sigma_k^{-1}+\Sigma_k^{-T})(x_n-\mu_k)}{\phi_{nk}}。\tag{5-32}$$

令公式（5-32）等于0，可得公式（5-33）。

$$\mu_k=\frac{\sum_{n=1}^{N}\frac{\gamma_{nk}}{\phi_{nk}}x_n}{\sum_{n=1}^{N}\frac{\gamma_{nk}}{\phi_{nk}}}。\tag{5-33}$$

由于此方程是非线性的，所以无法直接将 μ_k 单独分离出来，故在此步采用迭代的方式。经实验证明，此迭代方式是收敛的。

将公式（5-30）对 Σ_k 求偏导，如公式（5-34）所示。

$$\frac{\partial l(\theta)}{\partial \Sigma_k} = \sum_{n=1}^{N} \gamma_{nk} \times \left[\frac{1}{2}\Sigma_k^{-T} + \frac{1+D}{2} \times \frac{-\Sigma_k^{-1}(x_n - \mu_k)(x_n - \mu_k)^T \Sigma_k^{-1}}{\phi_{nk}} \right]。 \tag{5-34}$$

令公式（5-34）等于0，可得公式（5-35）。

$$\Sigma_k = \sum_{n=1}^{N} \gamma_{nk}(1+D) \times \frac{(x_n - \mu_k)(x_n - \mu_k)^T}{\phi_{nk}} \Big/ \sum_{n=1}^{N} \gamma_{nk}。 \tag{5-35}$$

同样，此方程是非线性的，所以无法直接将 Σ_k 单独分离出来，故在此步采用迭代的方式。经实验证明，此迭代方式是收敛的。

令：

$$l(\alpha) = l(\theta) - N\left(\sum_{k=1}^{K} \alpha_k - 1 \right)。 \tag{5-36}$$

将公式（5-36）对 α_k 求偏导可得公式（5-37）。

$$\frac{\partial l(\alpha)}{\partial \alpha_k} = \sum_{n=1}^{N} \gamma_{nk} \times \frac{1}{\alpha_k} - N。 \tag{5-37}$$

令公式（5-37）等于0，解得公式（5-38）。

$$\alpha_k = \frac{\sum_{n=1}^{N} \gamma_{nk}}{N}。 \tag{5-38}$$

通过公式（5-33）、公式（5-35）和公式（5-38）分别完成了对参数 μ_k、Σ_k、α_k 的迭代更新，直到收敛即可。本节算法（CMM 算法）流程如下：

输入：源点云 P 和目标点云 Q，其中可以存在随机丢失、无序、放缩及噪声。

输出：配准后的目标点云 Q^* 及旋转矩阵 R、放缩因子 s 和平移向量 t。

①选择模型参数 $K(K \geqslant 1)$ 构造 CMM 模型，通过迭代公式（5-33）、公式（5-35）和公式（5-38）分别完成对参数 μ_k、Σ_k、α_k 的更新；

②根据公式（5-9）分别对 $\widehat{\Sigma}_{k1}$ 和 $\widehat{\Sigma}_{k2}$ 特征分解，得到特征矩阵 U_{k1} 和 U_{k2}；

③根据公式（5-11）至公式（5-18）分别完成对矩阵 U_{k1} 和 U_{k2} 的校正，得到 $U_{k1}^{(3)}$ 和 $U_{k2}^{(3)}$；

④由公式（5-19）求出旋转矩阵 R；

⑤通过公式（5-22）和公式（5-23）计算出放缩因子 s 和平移向量 t；

⑥将求解出的 R、s、t 代入公式（5-24）完成配准得到 Q^*。

5.5 实验及结果分析

本章采用斯坦福大学提供的3D ShapeNets数据集中的Aircraft1（2534）、Aircraft2（2758）、Gun（2750）和Missile（2455）小尺度三维CAD点云模型和普林斯顿大学提供的ModelNet40数据集中的Car1（529 241）和Car2（273 669）大尺度三维CAD点云模型进行试验仿真，并采用CPD算法、经典ICP算法的改进算法Scale-ICP算法、GO-ICP算法与本章所提算法进行对比。实验是在MATLAB2017a版本、i7-6700HQ四核处理器和GTX965M下进行的。

5.5.1 无噪声、无缺失环境下的点云配准

无噪声、无缺失环境下的点云，即认为目标点云数据与源点云数据不存在外界干扰（或外界干扰很低，可忽略不计）且数据之间一一对应。本小节通过对Aircraft1点云和Aircraft2点云进行随机旋转和平移得到目标点云。红色表示源点云，蓝色表示目标点云，点云初始状态如图5-3所示。

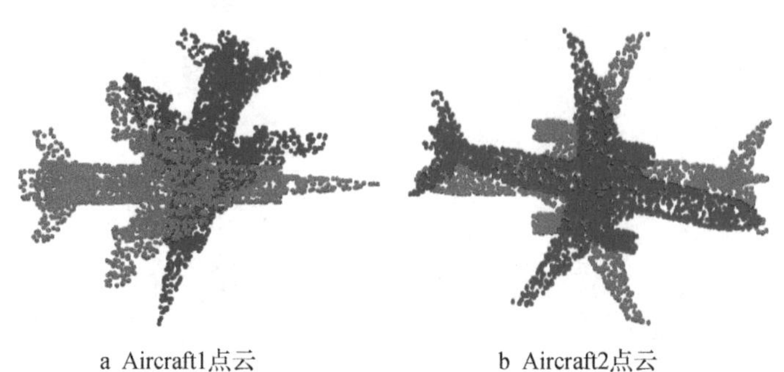

a Aircraft1点云　　b Aircraft2点云

图5-3　点云初始状态

4种算法对Aircraft1点云和Aircraft2点云的配准效果如图5-4和图5-5所示。

4种算法对Aircraft1点云和Aircraft2点云的配准时间和配准误差如表5-1所示。

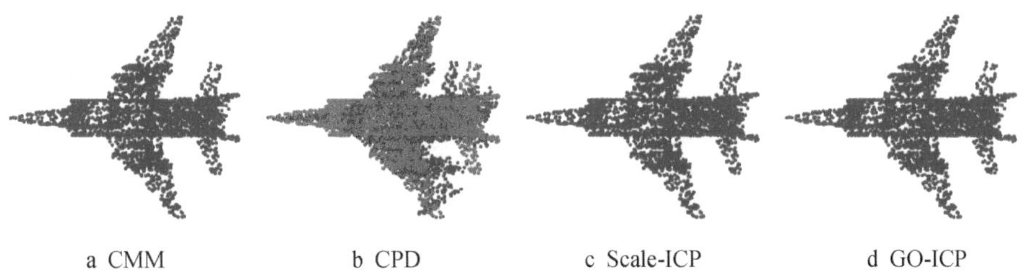

a CMM　　b CPD　　c Scale-ICP　　d GO-ICP

图 5-4　4 种算法对 Aircraft1 点云的配准效果

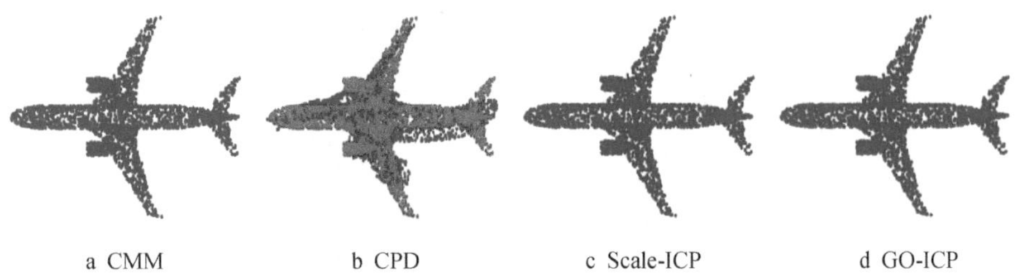

a CMM　　b CPD　　c Scale-ICP　　d GO-ICP

图 5-5　4 种算法对 Aircraft2 点云的配准效果

表 5-1　4 种算法对 Aircraft1 点云和 Aircraft2 点云的配准时间和配准误差

算法	配准时间/s		配准误差/mm	
	Aircraft1	Aircraft2	Aircraft1	Aircraft2
CMM	0. 44	0. 44	1.8527×10^{-16}	2.2560×10^{-16}
CPD	6. 29	4. 98	0. 0860	0. 0900
Scale-ICP	0. 22	0. 35	2.2343×10^{-16}	3.3292×10^{-16}
GO-ICP	23. 45	29. 25	2.2320×10^{-7}	2.6487×10^{-7}

如图 5-4 和图 5-5 所示，从视觉效果上讲，本章所提算法、Scale-ICP 算法和 GO-ICP 算法都能完成对 Aircraft1 点云和 Aircraft2 点云的配准，CPD 算法的配准效果比较差。根据表 5-1，本章所提算法对 2 组点云的配准效率都是非常高的，且配准精度与 Scale-ICP 算法的配准精度是同一数量级，都达到了 10^{-16}，远高于 GO-ICP 算法的配准精度；对于 Aircraft1 点云和 Aircraft2 点云，Scale-ICP 算法的配准效率比本章所提算法略高，GO-ICP 算法对 2 组点云进行配准所消耗的时间最长；CPD 算法对 2 组点云的配准误差最大。

5.5.2 有噪声、无缺失环境下的点云配准

为了验证本章所提算法对噪声的抵抗能力，本小节通过在仿真数据中添加不同方差的高斯白噪声来进行检验。具体实验操作过程如下：首先对Missile点云进行随机旋转，因为Missile点云的数据值比较小，所以对旋转后的Missile点云添加均值为0，方差分别为1.0×10^{-4}、2.0×10^{-4}、3.0×10^{-4}、4.0×10^{-4}、5.0×10^{-4}、6.0×10^{-4}、7.0×10^{-4}、8.0×10^{-4}、9.0×10^{-4}和1.0×10^{-3}的高斯白噪声。由于仿真实验组数较多，这里仅列出方差分别为1.0×10^{-4}和1.0×10^{-3} 2组点云的初始状态（图5-6）。

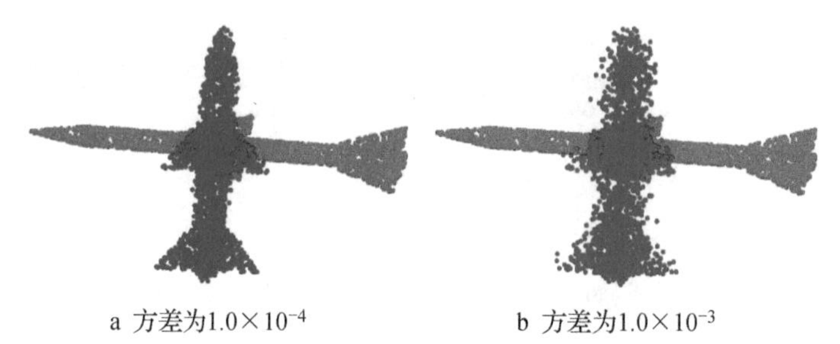

a 方差为1.0×10^{-4}　　b 方差为1.0×10^{-3}

图5-6　Missile点云初始状态

对比于源点云（红色），方差为1.0×10^{-3}组的Missile目标点云（蓝色）比方差为1.0×10^{-4}组的Missile目标点云点更加离散，点云轮廓更加模糊。据此容易得出，随着方差的不断增加，高斯白噪声强度也相应增大，目标点云的几何外形轮廓失真越严重（图5-6）。在相同条件下，采用4种算法对上述10组情况中的Missile目标点云进行配准，这里同样只列出方差分别为1.0×10^{-4}和1.0×10^{-3} 2组点云配准效果（图5-7、图5-8）。

当高斯白噪声方差为1.0×10^{-4}时，即噪声较小的情况下，CMM算法、CPD算法、Scale-ICP算法及GO-ICP算法均能有效地完成配准工作，且配准效果良好（图5-7）。当高斯白噪声方差增加10倍后，相比于图5-7而言，4种算法对Missile点云配准效果都有所下降，并且只有本章所提算法可以基本配准，CPD算法导致目标点云失真，Scale-ICP算法和GO-ICP算法均将目标点云的方向配反，这也是ICP算法及其改进算法本身的缺陷所致，陷入局部最小值而提前收敛（图5-8）。

为了能更直观地显示配准精度与配准效率，这里以直方图的形式给出各

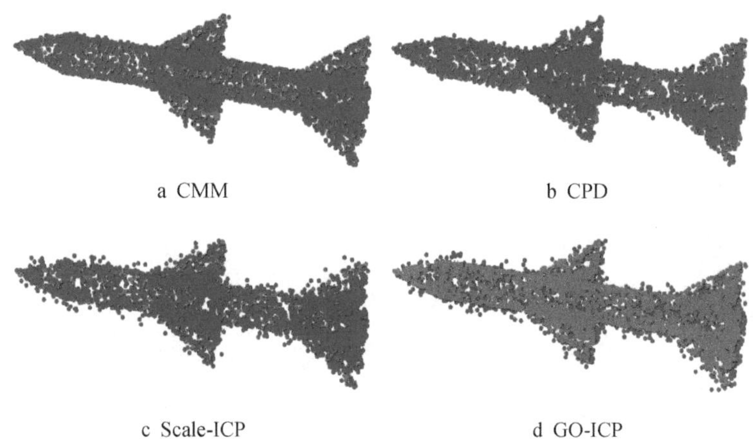

图 5-7　4 种算法对方差为 1.0×10^{-4} 的 Missile 点云的配准效果

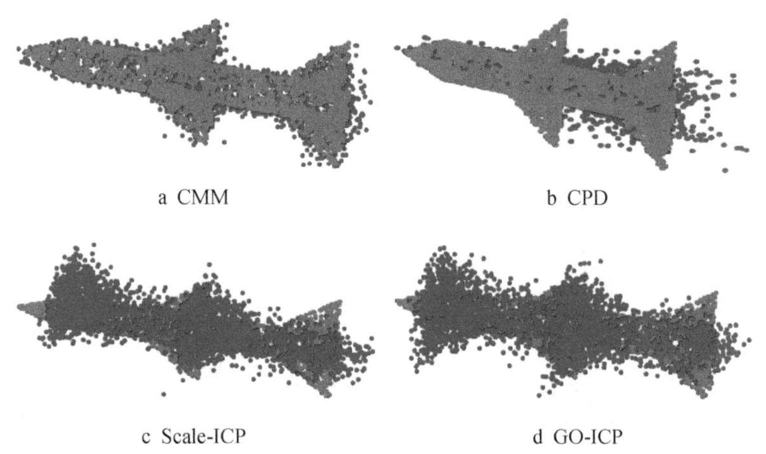

图 5-8　4 种算法对方差为 1.0×10^{-3} 的 Missile 点云的配准效果

算法的配准误差和配准时间（图 5-9）。

随着高斯白噪声的逐渐增大，4 种算法的配准误差也逐渐增大，即图中红色虚线所示的平均误差逐渐增大。相比于 CPD 算法、Scale-ICP 算法和 GO-ICP 算法，本章所提算法的误差增长幅度最小且比较平稳；CPD 算法对方差为 9.0×10^{-4} 和 0.0010 环境下的点云不能完成配准工作；当高斯白噪声的方差达到 8.0×10^{-4} 时，Scale-ICP 算法和 Go-ICP 算法皆失效（图 5-9a）。本章所提算法的配准时间与 Scale-ICP 算法的配准时间大致相同，配准速度

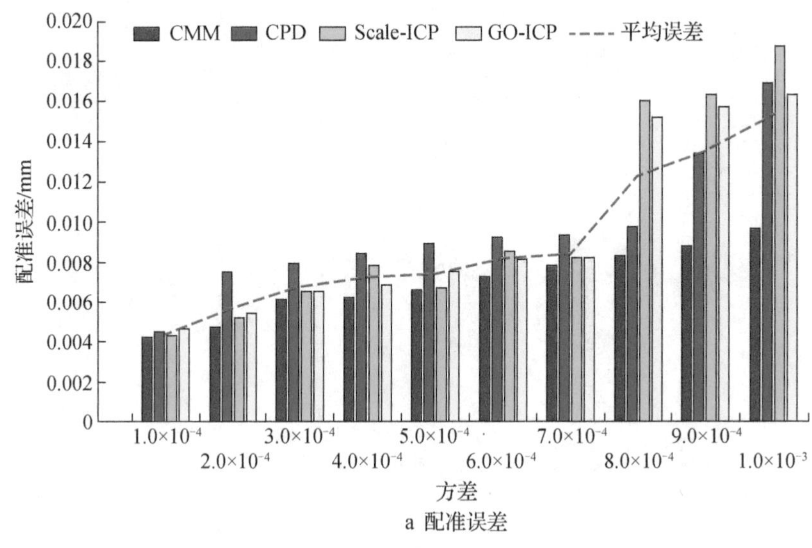

a 配准误差

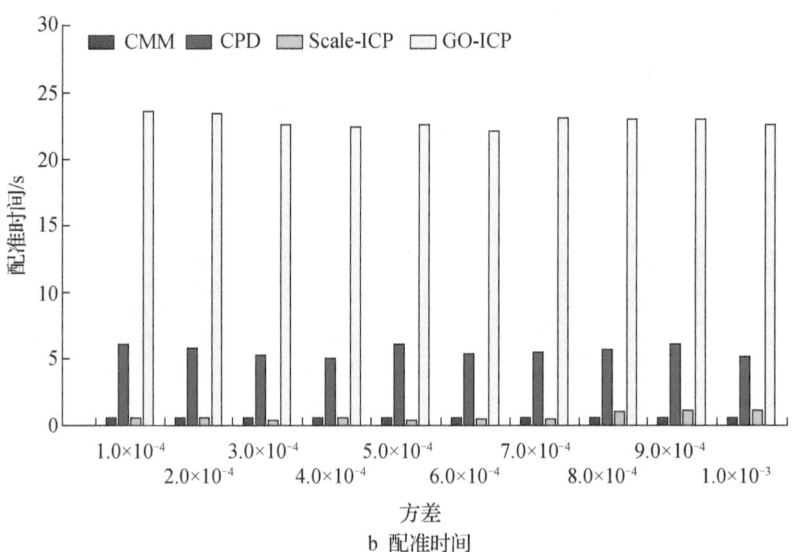

b 配准时间

图 5-9　4 种算法的配准误差和配准时间

非常快，CPD 算法的配准时间和 GO-ICP 算法的配准时间都比较稳定，但 GO-ICP 算法的配准时间最长，都超过了 20s（图 5-9b）。总的来说，相比于其他算法，本章所提算法比较稳定，且配准效率较高。

5.5.3　数据缺失环境下的点云配准

激光扫描很容易受到天气、地理和被扫描物体存在反光等其他环境因素的影响，这些影响非常容易造成激光扫描数据存在遮挡和缺失，导致点云数据不完整。为了验证数据缺失对本章所提算法的影响，将 Gun 点云分别做随机丢失 2%、5%、8%、11%、14%、17% 和 20% 的处理，并采用 4 种算法分别对每一组丢失下的目标点云进行配准，并比较 4 种算法的配准精度与配准效率（图 5-10 至图 5-16）。

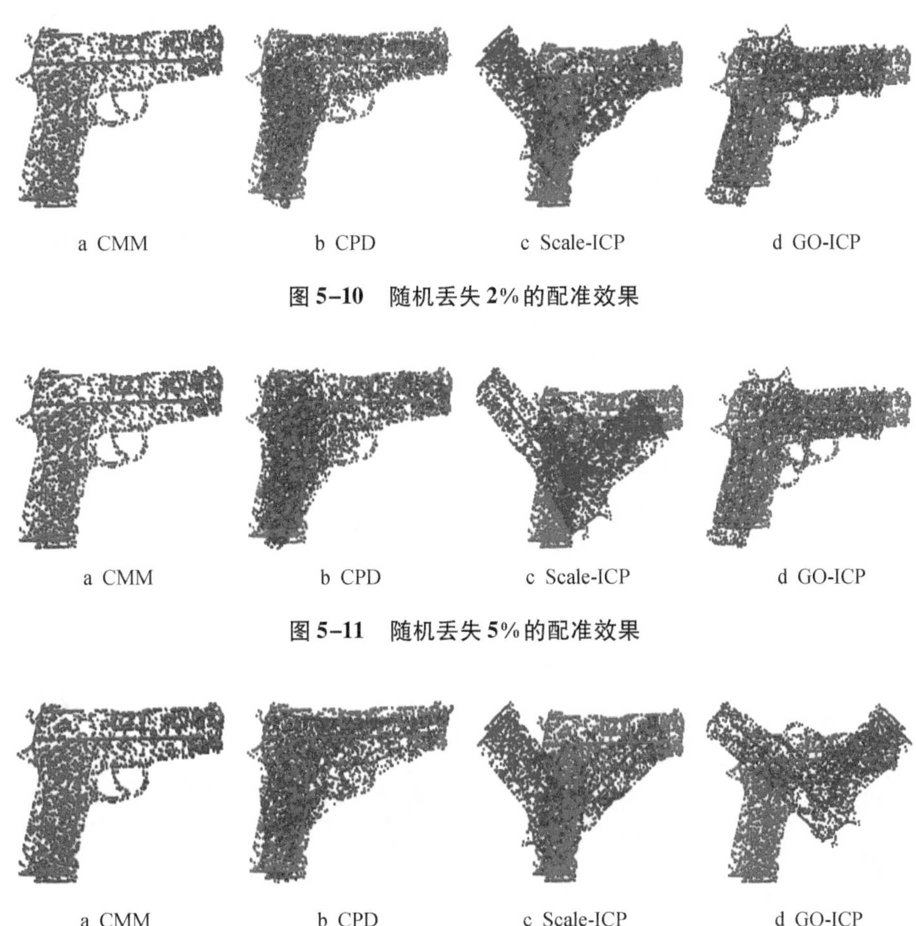

图 5-10　随机丢失 2% 的配准效果

图 5-11　随机丢失 5% 的配准效果

图 5-12　随机丢失 8% 的配准效果

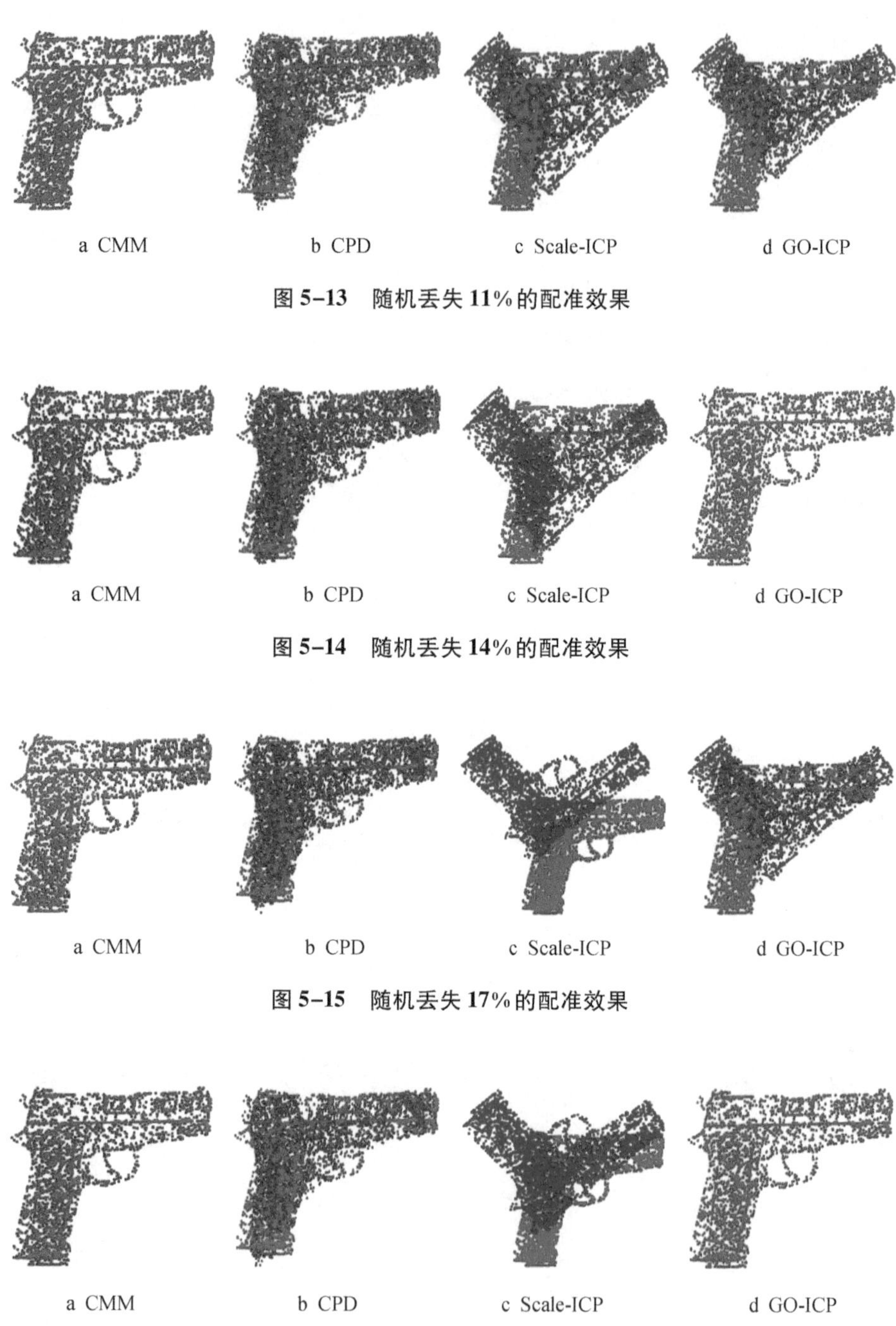

a CMM　b CPD　c Scale-ICP　d GO-ICP

图 5-13　随机丢失 11%的配准效果

a CMM　b CPD　c Scale-ICP　d GO-ICP

图 5-14　随机丢失 14%的配准效果

a CMM　b CPD　c Scale-ICP　d GO-ICP

图 5-15　随机丢失 17%的配准效果

a CMM　b CPD　c Scale-ICP　d GO-ICP

图 5-16　随机丢失 20%的配准效果

从图 5-10 到图 5-16 可以看出，无论 Gun 的目标点云缺失多少，本章算法都能完成对目标点云的配准。CPD 算法虽然能完成对 Gun 点云在上述几种缺失条件下的配准，但它的缺陷在于会使目标点云发生几何形变。在同样的条件下 Scale-ICP 算法对 Gun 点云的配准是无效的，每一组都陷入局部最小值。在 7 组丢失配准实验中，GO-ICP 算法只完成其中 2 组的配准（图 5-14d、图 5-16d），而未完成配准的实验有 5 组，其配准率只有 28.57%，这也进一步体现出了 GO-ICP 算法的不稳定性。相比之下，本章所提算法的稳定性最好。下面将 4 种算法的配准误差和配准时间以直方图的形式展示（图 5-17）。

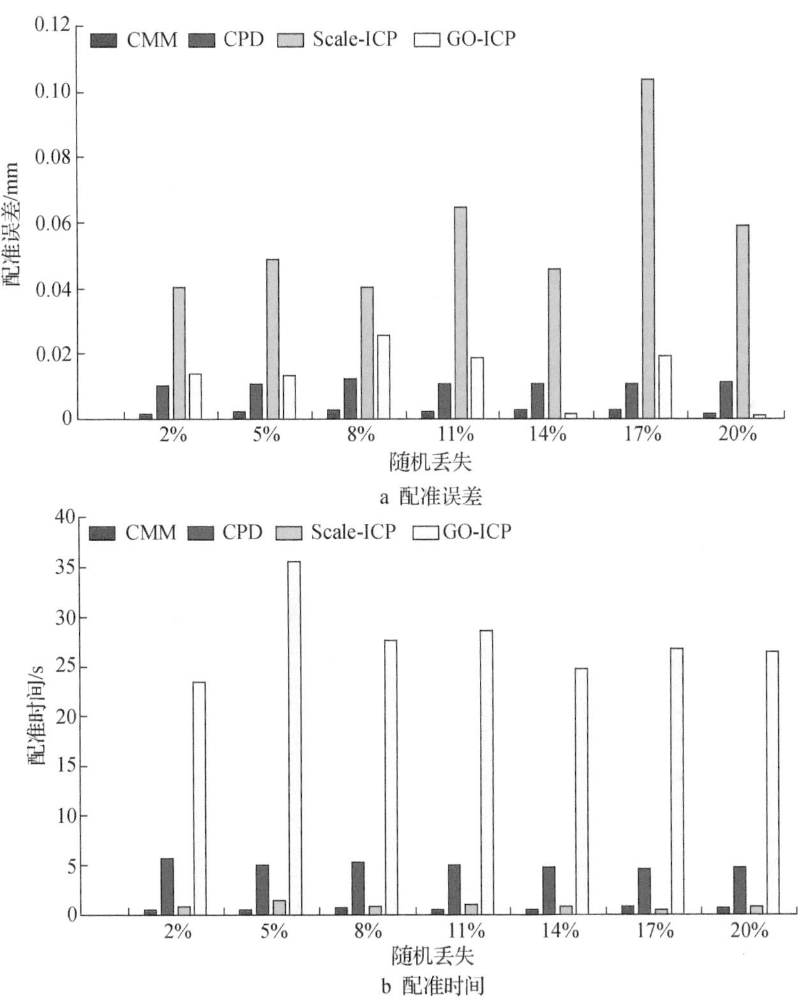

图 5-17　4 种算法对不同缺失环境下 Gun 点云的配准误差和配准时间

本章所提算法对Gun点云的配准误差相比于其他3种算法来说非常小且非常稳定（图5-17a）。在7组配准实验中，本章所提算法对每一组实验的配准误差均接近于0，Scale-ICP算法在每一组配准实验中的配准误差最大。GO-ICP算法有时能进行有效配准且精度较高，但受到其本身的搜索性质的影响，多数情况下都陷入了局部最小值。4种算法的配准所用时间都是比较稳定的，本章所提算法的配准时间非常短，GO-ICP算法的配准时间最长（图5-17b）。

5.5.4 有噪声、有缺失及放缩环境下的点云配准

针对有噪声、有缺失及处于放缩环境下的点云，通常会使得很多优秀的配准算法黯然失色。为了验证本章算法在此环境下的配准性能，这里采用ModelNet40数据集中的Car1和Car2三维CAD模型进行仿真。在实际中，源点云的尺寸既可能大于目标点云的尺寸，也可能小于目标点云的尺寸。为了使仿真更接近实际的复杂环境，将Car1点云进行随机旋转并平移得到目标点云，对目标点云添加信噪比为30 dB的高斯白噪声并做20%的随机丢失处理，再将目标点云的尺寸扩大3倍；同样，将Car2点云进行随机旋转并平移得到目标点云，对目标点云添加信噪比为30 dB的高斯白噪声并做20%的随机丢失处理，再将目标点云的尺寸缩小到原来的1/3。Car1点云和Car2点云的初始状态如图5-18所示。

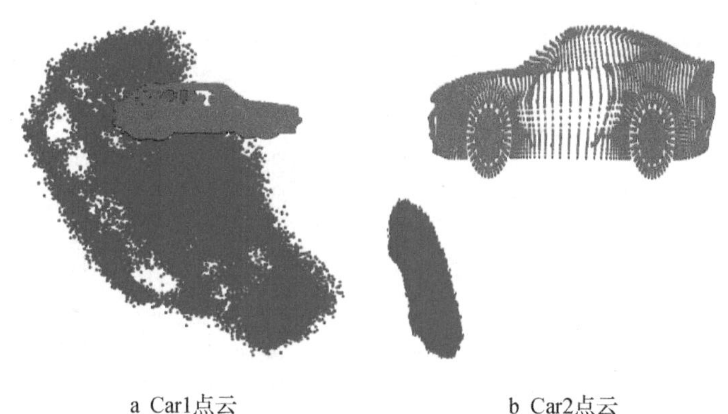

a Car1点云　　b Car2点云

图5-18　Car1点云和Car2点云的初始状态

由于GO-ICP算法不能进行放缩配准，CPD算法会导致目标点云发生形变，这里采用本章算法对Car1点云和Car2点云进行配准，并以Scale-ICP

算法作为对比。本章算法和 Scale-ICP 算法的配准效果如图 5-19 所示。

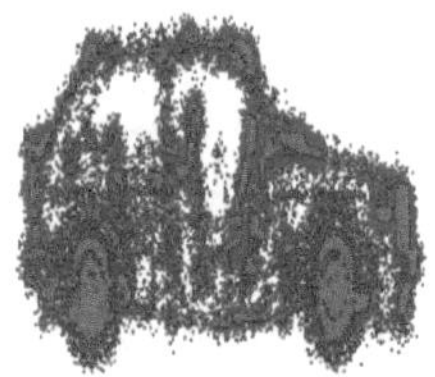
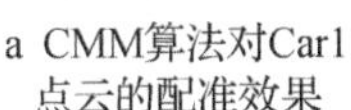

a CMM算法对Car1 点云的配准效果

b Scale-ICP算法对Car1 点云的配准效果

c CMM算法对Car2 点云的配准效果

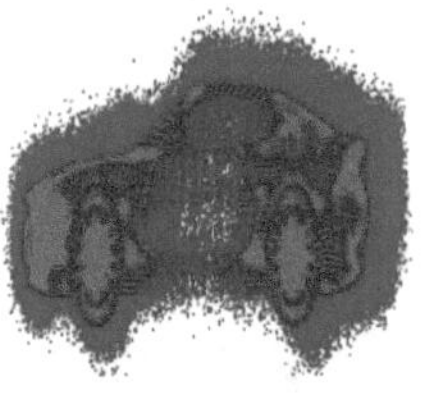

d Scale-ICP算法对Car2 点云的配准效果

图 5-19　本章算法和 Scale-ICP 算法的配准效果

从图 5-19 可知，对存在数据交叉的 Car1 点云（图 5-18a）的配准效果，CMM 算法比 Scale-ICP 算法更好一些。对无数据交叉的 Car2 点云（图 5-18b）的配准效果，CMM 算法与 Scale-ICP 算法的视觉效果相当。CMM 算法与 Scale-ICP 算法的配准时间和配准误差及放缩尺度值如表 5-2 所示。

表 5-2　CMM 算法与 Scale-ICP 算法的配准时间和配准误差及放缩尺度值

算法	配准时间/s		配准误差/mm		放缩尺度值	
	Car1	Car2	Car1	Car2	Car1	Car2
CMM	3. 17	23. 46	30. 7468	4. 3428	3. 0105	0. 3243
Scale-ICP	20. 13	115. 56	87. 6328	6. 9359	2. 8194	0. 3126

根据表 5-2 所示，在信噪比为 30 dB 高斯白噪声和数据随机丢失 20% 的环境下，CMM 算法在对 Car1 点云和 Car2 点云的配准所用时间和配准误差上均低于 Scale-ICP 算法，CMM 算法的配准效率相对于 Scale-ICP 算法分别提升了 84. 25% 和 79. 70% ，CMM 算法的配准精度相对于 Scale-ICP 算法分别提升了 64. 91% 和 37. 39% 。很容易发现，在对相同条件下的 Car1 点云和 Car2 点云的配准中，CMM 算法不仅配准效率优于 Scale-ICP 算法，在配准精度上也优于 Scale-ICP 算法。在对 Car1 点云和 Car2 点云放缩尺度的求取上，CMM 算法的相对误差分别为 0. 35% 和 2. 70% ，Scale-ICP 算法的相对误差分别为 6. 02% 和 6. 21% 。显然，相比于 Scale-ICP 算法，CMM 算法对放缩尺度的估计值更接近于真实值。

5.6 现场扫描数据配准

在上一节的仿真实验中，通过与其他常用算法在各种环境下的对比，突显了 CMM 算法的优势。在本节中，将 CMM 算法运用于实物扫描数据的配准运算中，为了更好地检验 CMM 算法的配准效果，同样采用其他常用算法作为对比。为验证本章算法的实用性，用本章算法对 2 组实物配准（图 5-20）。

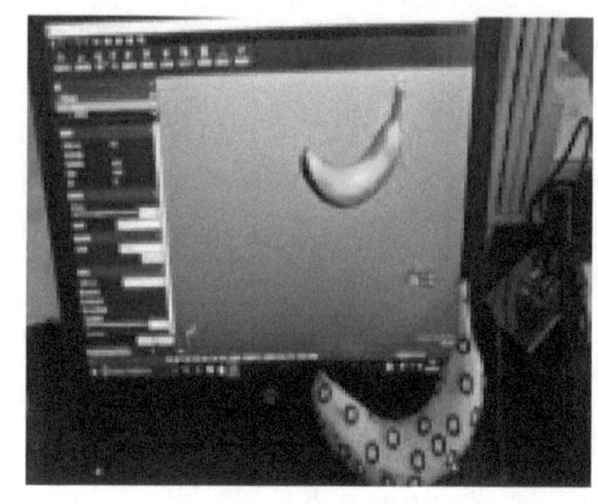

a 香蕉实物

b 杯子实物

图 5-20　香蕉与杯子实物

采用型号为 HandySCAN 700 的三维激光扫描仪分别从不同角度对 2 组实物进行扫描，然后从每一组实物点云中选取 2 个点云分别作为源点云与目标点云。其中，香蕉点云的源点云有 21 469 个数据点、目标点云有 21 430 个数据点，杯子点云的源点云有 13 526 个数据点、目标点云有 11 307 个数据点。香蕉点云与杯子点云的初始状态如图 5-21 所示。

a 香蕉点云　　b 杯子点云

图 5-21　香蕉点云与杯子点云的初始状态

香蕉的源点云与目标点云之间不存在交叉与遮挡，杯子的源点云与目标点云之间的数据存在交叉（图 5-21）。2 组点云的最大特点在于：源点云与目标点云之间，除了两头的形状差异较大之外，中间部分的几何形状几乎相同，这给配准带来了一定的困难。下面用 CMM 算法、CPD 算法、Scale-ICP 算法和 GO-ICP 算法分别对香蕉点云与杯子点云进行配准（图 5-22、图 5-23）。

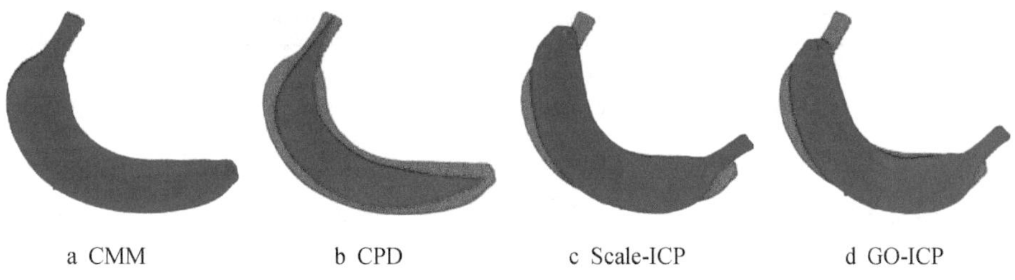

a CMM　　b CPD　　c Scale-ICP　　d GO-ICP

图 5-22　香蕉点云配准效果

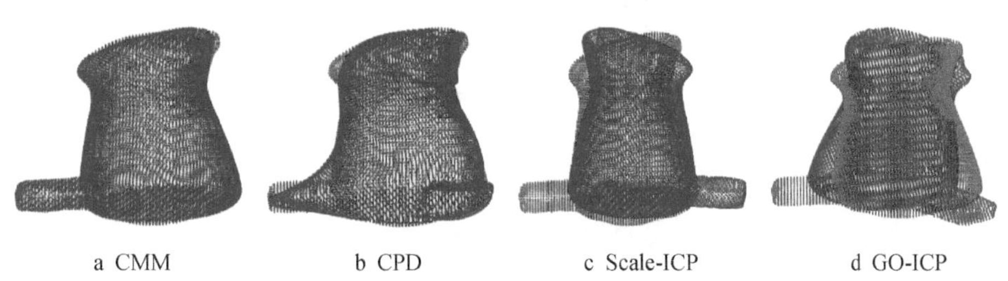

a CMM　　b CPD　　c Scale-ICP　　d GO-ICP

图 5-23　杯子点云配准效果

4 种算法中只有 CMM 算法能正确有效地完成对香蕉点云的配准，CPD 算法使香蕉的目标点云失真，Scale-ICP 算法和 GO-ICP 算法皆将香蕉的目标点云配反（图 5-22）。4 种算法中只有 CMM 算法能有效地完成对杯子点云的配准，CPD 算法乍看之下完成了对杯子点云的配准，但仔细观察会发现，CPD 算法不仅导致目标点云的失真，而且将方向配反；Scale-ICP 算法和 GO-ICP 算法也无法配准杯子点云（图 5-23）。4 种算法对香蕉点云和杯子点云的配准时间与配准误差如表 5-3 所示。

表 5-3　4 种算法对香蕉点云和杯子点云的配准时间与配准误差

算法	配准时间/s		配准误差/mm	
	香蕉	杯子	香蕉	杯子
CMM	4.53	5.49	0.3820	0.4562
CPD	37.17	36.13	1.8208	0.7604
Scale-ICP	2.34	3.31	2.7008	6.4356
GO-ICP	22.58	28.85	2.5008	2.2110

由表 5-3 可知，对于香蕉点云的配准，CMM 算法的配准效率相对于 CPD 算法提升了 87.81%，相对于 GO-ICP 算法提升了 79.94%，Scale-ICP 算法的配准时间最短；CMM 算法的配准精度相对于 CPD 算法提升了 79.02%，相对于 Scale-ICP 算法提升了 85.86%，相对于 GO-ICP 算法提升了 84.72%。对于杯子点云的配准，CMM 算法的配准效率相对于 CPD 算法提升了 84.80%，相对于 GO-ICP 算法提升了 80.97%，Scale-ICP 算法的配准时间仍然最短；CMM 算法的配准精度相对于 CPD 算法提升了 40.01%，相对于 Scale-ICP 算法提升了 92.91%，相对于 GO-ICP 算法提升了 79.37%。由此可见，CMM 算法更适用于实际点云的配准运算。

5.7　本章小结

本章根据点云数据本身的概率分布特性，提出了另一种基于柯西混合模型的点云配准算法。该方法充分利用柯西分布的长拖尾效应，对噪声环境中的点云数据能有良好的拟合性。在不考虑两点云之间点的对应关系的情况下，根据点云数据本身的概率分布对刚性变换关系进行求解，由于点的排列顺序、噪声及点的随机缺失不改变整体数据的概率分布，这表现出该算法的鲁棒性较好。另外，本章通过对不同数据集中的不同数据量的点云进行配准，通过与 CPD 算法、Scale-ICP 算法和 GO-ICP 算法的比较，验证了本章算法能适应于不同形状、不同数据量的点云配准；通过放缩配准，证明了本章算法能够适用于不同尺寸的点云配准；通过配准实物香蕉和杯子扫描的点云，验证了本章算法的实用性。

第6章　基于ICP的点云配准改进算法

现有ICP改进算法中，部分算法从ICP算法的配准方式进行改进，将ICP算法点对点的配准方式改进为点对线、点对面或点对体的配准方式；部分算法是将ICP算法与粗配准相结合，优化ICP配准的初始条件；再者是将ICP算法基于统计学或机器学习的相关理论进行改进，提高配准精度、配准速度及鲁棒性。本章针对上述问题，提出了一种基于多种群遗传算法的ICP改进配准算法，在解决常用ICP算法易陷入局部最优解的同时，提高了配准精度。

6.1　基于遗传算法的ICP配准方法

6.1.1　遗传算法基本原理

遗传算法（Genetic Algorithm，GA）是由John于20世纪60年代首次提出，是一种基于生物进化论思想的普适性优化算法。该算法是模拟生物在自然环境中的遗传和进化过程而形成的一种自适应全局优化概率搜索算法（李中才，2005），通过对初始种群进行选择、交叉、变异等操作产生新一代种群，经过不断的迭代尽可能地进化出最优基因。遗传算法因其通用性及原理简单、易实现的优势在自适应控制、图像处理、模式识别、机器学习、优化模型（Zhang et al.，2021；Ismkhan，2016）等领域应用广泛。

遗传算法的主要构成元素如下：

①个体编码。对初始种群中基因个体进行编码，将对应变量的编码作为计算对象进行相应运算。如将初始种群中某一基因用特定长度的二进制字符串来表示，则其编码为 $A = 1001010111010110$，对应基因的长度为 $n = 16$。

②自适应评价标准。基因个体的自适应能力与目标函数值之间成正相关，基因 A 与目标函数的最优值越接近，则 A 的自适应能力越强；反之，适应能力越弱。在遗传算法中，需通过求取适应度函数相关概率来评判自适应

能力，因此要求自适应函数值非负值。

③遗传算子。遗传算法的基本遗传算子为选择（Selection）算子、交叉（Crossover）算子、变异（Mutation）算子。其中，选择算子是在获得自适应度值的前提条件下，利用优胜劣汰的原理，选择优秀基因。常用的选择算子包括适应度比例法、随机遍历抽样法、局部选择法等。交叉算子在遗传算法中占据核心地位，是基因进行遗传进化的必经之路，交叉是将 2 个基因的部分基因序列进行交换重组，以获得新的基因，该步骤使遗传算法搜索能力得到显著提升。变异算子分为基本变异算子和均匀变异算子，变异的作用在于对优秀基因编码进行部分改动，以保证种群多样性，使遗传算法除具备全局检索能力外，还可进行局部检索。

④参数。遗传算法的计算过程中有 4 个前提条件，分别对应 4 个参数，通过研究人员的实验，得出了较为合适的取值范围：种群数量，即种群中基因的数量，通常取 20 ~ 100；终止条件，即算法开始到结束的迭代次数，通常取值为 100 ~ 500；交叉概率，通常取值为 0. 4 ~ 0. 99；变异概率，通常取值为 0. 0001 ~ 0. 1（赵宜鹏 等，2010）。

遗传算法的特点如下：

①遗传算法是对种群进行筛选，而不是针对种群中每一个基因分别进行计算操作，对于初始条件具有较高的容忍度，不易受局部极值点干扰；

②遗传算法具有自主性且可应用于不同领域，由于遗传算法不是直接对种群中的数据进行参数计算，而是将初始种群中每一个基因都进行统一编码，对编码后的种群进行优化，使遗传算法具有较强的普适性，可适用于各种数据；

③遗传算法依赖于参数的选取，针对单个初始种群容易出现过早收敛的问题，使所有基因趋于同一化而停止进化。

6. 1. 2 基于遗传算法的点云配准

基于遗传算法的迭代最近点配准（Genetic Algorithm ICP，GA-ICP）算法由 Wei 等（2016）提出，此算法将遗传算法与 ICP 算法相结合，点云初始数据中随机生成初始点云，并对初始点云中的每一个点进行二进制编码，针对初始点云中的点利用遗传算法的原则，不断迭代计算相应参数，选择出优良点集；再依据优良点集中的每一个点的自适应能力择优进行交叉变异等操作，得出最优点集。GA-ICP 算法基本原理为：在三维点云初始数据中随机生成一定数量的点作为初始点集并对这些点进行编码操作，计算对应点之间的旋转矩阵 R 和平移向量 T，通过求得的参数对点云数据进行变换操作，将变换后的点利用绝对差之和建立适应度函数用于计算每一个点的自适应度，并引入遗传算子（选择算子、交叉算子、变异算子），最后分别对点集进行选择、交叉及一定概率的变异操作，由此产生下一代优秀点集，对算法设定终止条件，即遗传迭代次数，若迭代次数小于预设的最大迭代次数，则返回自适应函数继续重新进行迭代计算；若迭代次数大于最大迭代次数，则将之前所有迭代计算中自适应值最大的参数作为最优解输出，利用 ICP 算法完成配准，GA-ICP 算法原理如图 6-1 所示。

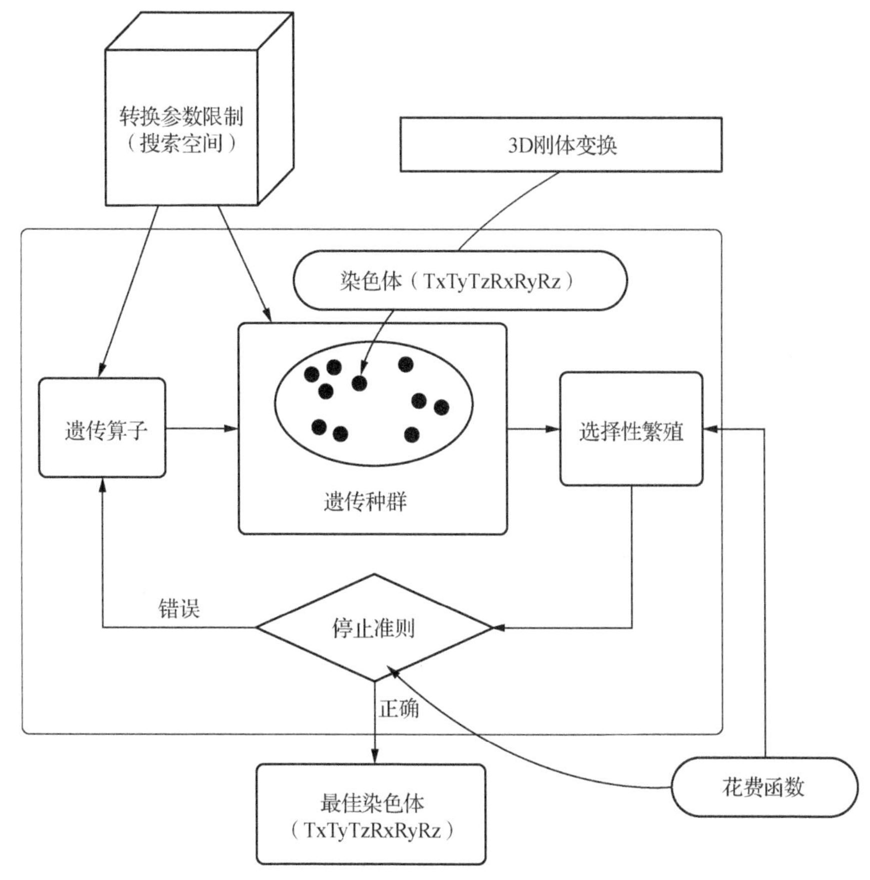

图 6-1　GA-ICP 算法原理（Wei et al.，2006）

GA-ICP 算法具体计算过程如下：

首先，对目标函数进行定义，假设有 2 组三维点云数据分别记为数据 A 和数据 B，其三维图像强度值为相似性度量的参考值，求取强度差的平方和（Sum of Squared Intensity Differences，SSD），使其在点云配准的过程中尽可能取最小值，SSD 公式如公式（6–1）所示。

$$SSD = \frac{1}{N}\sum_{x \in \Omega_{A,B}^{T}} |A(x) - B^{T}(x)|^{2}。 \tag{6–1}$$

其中，N 表示三维点云数据 A 和三维点云数据 B 重合区域 $\Omega_{A,B}^{T}$ 中点的数量。

然而，对于点云数据初始位置不理想的情况，使用 SSD 效果并不理想，需要利用绝对差之和（Sum of Absolute Differences，SAD）来计算（Lin et al.，1996），SAD 公式如公式（6–2）所示。

$$SAD = \frac{1}{N}\sum_{x \in \Omega_{A,B}^{T}} |A(x) - B^{T}(x)|。 \tag{6–2}$$

若 2 组三维像素的强度值之间呈现线性关系，则此时的相似性度量可表示为相关系数 C（Fei et al.，2002），如公式（6–3）所示。

$$C = \frac{\sum_{x \in \Omega_{A,B}^{T}} [A(x) - \bar{A}][B^{T}(x) - \bar{B}]}{\left\{\sum_{x \in \Omega_{A,B}^{T}} [A(x) - \bar{A}]^{2} \sum_{x \in \Omega_{A,B}^{T}} [B^{T}(x) - \bar{B}]^{2}\right\}^{\frac{1}{2}}}。 \tag{6–3}$$

其中，$\bar{A}$ 和 $\bar{B}$ 分别表示三维点云中重合区域中对应点数据的平均值。

引入比率图像均匀性（Ratio Image Uniformity，RIU），通常需设定前提条件 $\Omega_{A,B}^{T}(N = \sum_{\Omega_{A,B}^{T}})$，其中的 N 个点构成比率图像中值 R（Woods et al.，1993），如公式（6–4）和公式（6–5）所示。

$$R(x) = \frac{A|_{\Omega_{A,B}^{T}}(x)}{B^{T}|_{\Omega_{A,B}^{T}}(x)}, \bar{R} = \frac{1}{N}\sum_{x \in \Omega_{A,B}^{T}} R(x), \tag{6–4}$$

$$RIU = \frac{\sqrt{\frac{1}{N}\sum_{x \in \Omega_{A,B}^{T}} (R(x) - \bar{R})^{2}}}{\bar{R}}。 \tag{6–5}$$

以上介绍的目标函数可用于 GA-ICP 算法的评估校准。

其次，利用 KD-tree 法对点云数据进行预处理，并对三维点云数据所构成的面进行曲率参数计算，该三维表面信息可以通过二次曲面表示，如公式（6-6）所示。

$$C(x,y) = (x,y,z)。 \tag{6-6}$$

其中，$z = ax^2 + bxy + cy^2 + ex + fy$，$a_i$ 为源点云 A 中的点，为了计算在点 a_i 处的综合曲率，对曲面 $C(x,y)$ 在点 a_i 处分别求解一阶、二阶偏导数，如公式（6-7）至公式（6-10）所示。

$$C_{xx} = (0,0,2a), \tag{6-7}$$

$$C_{xy} = (0,0,b), \tag{6-8}$$

$$C_{yy} = (0,0,2c)。 \tag{6-9}$$

$$\begin{cases} C_x^2 = 1 + e^2 \\ C_x C_y = ef \\ C_y^2 = 1 + f^2 \end{cases}。 \tag{6-10}$$

依据上述准备工作可求得曲面 $C(x,y)$ 在点 a_i 处的平面曲率 P_c、高斯曲率 G_c 及主曲率 I_1、I_2，如公式（6-11）至公式（6-13）所示。

$$P_c = \frac{nC_x^2 C_{yy} - 2nC_x C_y C_{xy} + nC_y^2 C_{xx}}{2[C_x^2 C_y^2 - (C_x C_y)^2]} = \frac{c + ce^2 + a + af^2 - bef}{(e^2 + f^2 + 1)^{\frac{3}{2}}}, \tag{6-11}$$

$$G_c = \frac{n^2 C_{xx} C_{yy} - n^2 (C_x C_y)^2}{2[C_x^2 C_y^2 - (C_x C_y)^2]} = \frac{4ac - b^2}{(e^2 + f^2 + 1)^2}, \tag{6-12}$$

$$\begin{cases} I_1 = P_c - \sqrt{P_c^2 - G_c} \\ I_2 = P_c + \sqrt{P_c^2 - G_c} \end{cases}。 \tag{6-13}$$

其中，主曲率 I_1、I_2 分别代表曲面 $C(x,y)$ 在点 a_i 处法曲率的极大值和极小值。

最后，通过遗传算法对点云数据进行配准，假设 A 为源点云，B 为目标点云，从点云数据 A 和 B 中随机产生初始点云数据 E 和 F，并且满足 $F \in E$，通过遗传算法对初始点云数据 E 和 F 进行配准，具体配准计算过程如下：

第一步，对初始点云数据中的点进行编码，由于 E 和 F 之间是包含关系，所以存在局部的重合区域，将重合部分的点进行二进制编码，使得子集 F 中的每一个点在 E 中都有对应点。

第二步，建立适应度函数，如公式（6-14）所示。

$$K(F_i,E_j) = \sum_{i,j=1}^{n,m} [(I_{F1} - I_{E1})^2 + (I_{F2} - I_{E2})^2]。 \tag{6-14}$$

其中，n 和 m 分别表示初始点云数据 F 和初始点云数据 E 中点的数量，I_{F1} 和 I_{F2} 分别表示 F 的极大值主曲率和极小值主曲率，I_{E1} 和 I_{E2} 分别表示 E 的极大值主曲率和极小值主曲率。当 K 取值越小，代表 E_j 和 F_i 为对应点的概率越大，由此可建立适应度函数，如公式（6-15）所示。

$$K(E_j) = \frac{1}{1 + K(F_i, E_j)}。 \tag{6-15}$$

第三步，选择算子，利用遗传算法的原则对表现优秀的点进行筛选。通过轮盘赌选择算法（Qian et al.，2018）对优秀的点进行选择，轮盘随机旋转，每个点在轮盘上被选中的概率与第二步中的适应度函数值成正相关，其概率如公式（6-16）所示。

$$P_i = \frac{K_i}{\sum_{i=1}^{n} K_i}。 \tag{6-16}$$

第四步，交叉算子，对优秀点的编码进行交叉操作使得优秀的点“遗传”到下一代，交叉过程包含 2 个因素：交叉的位置及交叉发生的概率（Kalavadekar et al.，2018）。交叉的位置由交叉因子决定，有多种交叉方式，如单个交叉、多个交叉、按顺序交叉及混合交叉等。交叉的位置是在二进制码的某一位后插入新的编码，从而构成新的二进制编码，交叉概率与所选择的对应点之间的距离成正比。假设选中两点 O_i 和 O_j 对应的二进制编码分别为 $o(O_i, l)$ 和 $o(O_j, l)$，$l = 1, 2, \cdots, L$，则两点之间的距离为 $d(O_i, O_j) = \sum_{l=1}^{L} |o(O_i, l) - o(O_j, l)|$，那么交叉概率如公式（6-17）所示。

$$P_c(O_i, O_j) = \frac{1}{1 + e^{-d(O_i, O_j)}}。 \tag{6-17}$$

第五步，变异算子，为了防止遗传算法在配准初期陷入局部最优解，点的二进制编码进行变异操作，二进制编码发生变异的概率（Zhang et al.，2007）与适应度之间成反比关系。假设初始种群中点的最大适应度函数值及平均适应度值分别为 $k_{\max}$ 和 k_{avg}，则点的 E_j 变异概率如公式（6-18）所示。

$$P_m = \begin{cases} \dfrac{\theta \times (k_{\max} - k(E_j))}{k_{\max} - k_{\text{avg}}}, & k(E_j) \geq k_{\text{avg}} \\ \theta, & k(E_j) < k_{\text{avg}} \end{cases}。 \tag{6-18}$$

其中，依据实验经验，$\theta = 0.5$ 时遗传结果较好。

第六步，引入 ICP 配准算法对旋转矩阵 R 及平移向量 T 进行求解，具体计算过程见 3.1 节，配准完成。

6.1.3　仿真分析

本小节采用 PCL 官方点云数据库中的 Wolf（3400）、Cat（3400）、Michael（3400）小型点云数据模型进行仿真分析，括号中的数值表示该点云数据中点的数量，实验在 MATLAB2019b 版本下运行。采用 GA-ICP 算法的点云配准结果如图 6-2 所示，其中，蓝色代表目标点云 B，紫色代表源点云 A，a 为 Wolf 在 3 个不同视角下的初始点云数据，b 为 Wolf 在对应视角下利用 GA-ICP 算法的配准结果；c 为 Cat 在 3 个不同视角下的初始点云数据，d 为 Cat 在对应视角下利用 GA-ICP 算法的配准结果；e 为 Michael 在 3 个不同视角下的初始点云数据，f 为 Michael 在对应视角下利用 GA-ICP 算法的配准结果。

GA-ICP 算法对 3 组点云数据配准的配准时间、配准误差和阈值如表 6-1 所示。

a Wolf在3个不同视角下的初始点云数据

b Wolf在对应视角下利用GA-ICP算法的配准结果

c Cat在3个不同视角下的初始点云数据

d Cat在对应视角下利用GA-ICP算法的配准结果

e Michael在3个不同视角下的初始点云数据

f Michael在对应视角下利用GA-ICP算法的配准结果

图 6-2　采用 GA-ICP 算法的点云配准结果

表 6-1　GA-ICP 算法对 3 组点云数据配准的配准时间、配准误差和阈值

模型	配准时间/s	配准误差/mm	阈值
Wolf	97.5478	4.8224	0.0001
Cat	118.5054	5.1981	0.0001
Michael	119.9185	3.8395	0.0001

如表 6-1 和图 6-2 所示，对 3 组点云数据的配准结果从配准时间、配准误差和阈值 3 个方面进行比较分析。由图 6-2a 可以看出，在 GA-ICP 算法中 Wolf 点云数据的初始位置相对较好，配准速度相对最快，然而相对于 ICP 算法准确度仅下降了 0.0042%。Cat 点云数据的配准误差由于初始点云数据的非刚性变化较大的最大，但相对 ICP 算法 *RMSE* 值仅下降了 0.0038%。然而对于初始位置重叠部分较少的 Michael 点云数据，GA-ICP 算法配准效果明

显优于 ICP 算法配准效果，相对于 ICP 算法 *RMSE* 值下降了 67.0378%。总体而言，GA-ICP 算法相较于 ICP 算法计算时间较长，对于点云数据初始位置较差的情况具有较好的鲁棒性，但针对初始位置较好的点云数据配准精度没有实质上的提升。

6.2　基于多种群遗传算法的 ICP 配准方法

6.2.1　多种群遗传算法基本原理

遗传算法因其全局最优、普适性强等优势得以广泛应用，但伴随着遗传算法实际应用研究的不断深入，其算法上的缺陷也逐渐显现出来。遗传算法在计算过程中易使每一个初始种群中的最优样本趋于同化，导致算法无法选择出最优基因，且在遗传算法的应用中有对于数据并行计算的需求，那么是否可以让已实现数据并行运算的遗传算法种群之间也实现种群的并行运算。针对以上问题，多种群遗传算法（Multi-Population Genetic Algorithm，MPGA）问世，多种群遗传算法是一种基于遗传算法的改进算法，主要改进内容及特点如下：

①将遗传算法中只针对单一种群的样本择优选择遗传操作改进为多个种群的择优选择遗传操作，针对每一个种群可设置不同的遗传算子数值，有效避免了遗传算法中种群个体趋于同化的问题，可将初始种群的优良基因更全面的遗传进化。

②引入移民算子的概念，将互不关联的种群之间建立联系，实现种群之间不同权重的并行运算。

③对每一个种群的最优基因进行保存，将各种群中的最优基因集合为新的精华种群。多种群遗传算法的优势在于不会破坏每一个种群的最优基因，使优良基因得到良好保护。

图 6-3 展示了多种群遗传算法原理，多种群遗传算法首先将产生的初始数据进行种群划分，将初始数据划分为多个子种群；然后对每个子种群通过遗传算法进行优秀基因筛选，并引入移民算子对遗传算法获得的优秀基因之间建立联系；最后将获取到的子种群最优基因整合，得到下一代新的、经过优化筛选后的精华种群。多种群遗传算法的迭代终止条件取决于精华种群中的个体数量，精华种群中的样本数量到达预设数值时计算终止（Hong et al.，2017）。

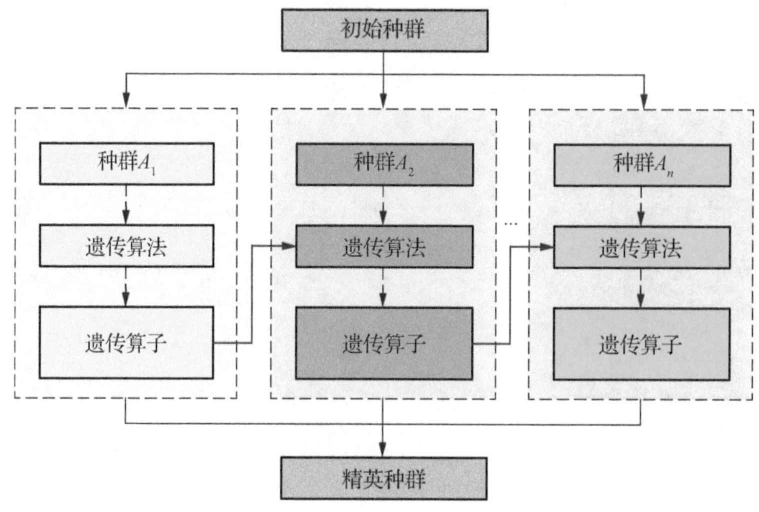

图 6-3　多种群遗传算法原理

6.2.2　基于多种群遗传算法的 ICP 改进配准算法

基于遗传算法的 ICP 配准算法仅针对某一初始点云数据整体进行最优点筛选，然而遗传算法通常依赖于遗传算子参数的选择，初始数据或参数选择不当会使算法过早收敛，易使点云配准陷入局部最优解。鉴于上述问题，本章提出一种基于多种群遗传算法的迭代最近点改进配准算法，将 ICP 算法与多种群遗传算法结合。通过多种群遗传算法将待配准点云数据分成多个子点云数据，并对每一个子点云数据随机产生初始点集，将每一组的初始点集设置成不同的参数以防算法过早收敛，最终选出精华点云数据点集代入 ICP 算法中进行数据配准，具体计算过程如下：

假设存在 2 片点云数据，分别记为源点云 P 和目标点云 Q，将 P 和 Q 按区域均匀划分为 n 等分，考虑到时间及配准精度方面的问题，本章提出的多种群遗传算法中 $n=5$，对待配准点云数据进行数据分割，将分割后的 5 组初始数据点集利用 6.1.2 小节介绍的基于遗传算法的点云配准方法分别进行优秀点集的筛选，并将 5 组优秀点集组合得到新的精华点集。多种群遗传算法的优势在于针对算法中每一个初始种群的遗传过程都可以设定不同的参数值和移民算子，可有效地避免基于遗传算法的配准算法过早收敛的问题，MPGA-ICP算法的具体配准过程如下：

第一步，生成初始点集。将源点云 P 和目标点云 Q 所在空间直角坐标系，以 y 轴为基准，以 x 轴与 z 轴所在平面的平行面为切割面，将两点云数据均匀分割为5份，其中每一份对应 y 轴方向的宽度相等，由此获得5组初始点云数据分别记为 P_1、P_2、P_3、P_4、P_5、Q_1、Q_2、Q_3、Q_4、Q_5，将划分好的数据点集进行两两分组。P_1、Q_1 记为第一组初始点集；P_2、Q_2 记为第二组初始点集；P_3、Q_3 记为第三组初始点集；P_4、Q_4 记为第四组初始点集；P_5、Q_5 记为第五组初始点集。

第二步，点云数据编码。分别对这5组初始点云数据中的每一个点进行 $0 \sim N_i$ 的($i = 1,2,3,4,5$)二进制编码，编码字符串长度由初始数据中点的个数确定，其中，N_i 表示第 i 组点集中的点的个数。利用6.1.1小节中提及的遗传算法对5组编码后的数据进行优秀点集的筛选。

第三步，参数设置。对于每一组遗传算子设置不同的参数，以防单一遗传算法陷入局部最优解。初始点集的个数取决于每组分割出的点的数量；迭代次数设置在20~50次；交叉概率根据实验经验的取值范围等间隔取值，从第一组至第五组分别取值为0.5、0.6、0.7、0.8、0.9；变异概率根据实验经验的取值范围等间隔取值，从第一组至第五组分别取值为0.0001、0.025、0.050、0.075、0.010。

第四步，移民算子。由于每一组初始点集均对其自身数据进行优秀点集的筛选，筛选结果均具有各自的参考价值，使点云配准的点集得到多方面优化并可避免遗传算法的弊端，因此，每一组点云数据之间的移民算子应设置相同的权重，即 $\omega = 20\% = 0.2$。

第五步，数据配准。将5组设定不同参数的初始点集经过遗传算法筛选出的优秀点集进行组合，获得精华点集，并将最终获得的精华点集送入ICP算法对点云数据进行配准，配准完成。

6.2.3　仿真分析

本小节采用的点云数据与实验环境与6.1.3小节一致，采用MPGA-ICP算法的点云配准结果如图6-4所示。其中，蓝色代表目标点云 B，红色代表源点云 A，a为Wolf在3个不同视角下的初始点云数据，b为Wolf在对应视角下利用MPGA-ICP算法的配准结果；c为Cat在3个不同视角下的初始点云数据，d为Cat在对应视角下利用MPGA-ICP算法的配准结果；e为Michael 在 3 个不同视角下的初始点云数据，f 为 Michael 在对应视角下利用 MPGA-ICP 算法的配准结果。

a Wolf在3个不同视角下的初始点云数据

b Wolf在对应视角下利用MPGA-ICP算法的配准结果

c Cat在3个不同视角下的初始点云数据

d Cat在对应视角下利用MPGA-ICP算法的配准结果

e Michael在3个不同视角下的初始点云数据

f Michael在对应视角下利用MPGA-ICP算法的配准结果

图 6-4　采用 MPGA-ICP 算法的点云配准结果

MPGA-ICP 算法对 3 组点云数据配准的配准时间、配准误差和阈值如表 6-2 所示。

表 6-2　MPGA-ICP 算法对 3 组点云数据配准的配准时间、配准误差和阈值

模型	配准时间/s	配准误差/mm	阈值
Wolf	98.7426	4.3146	0.0001
Cat	121.3096	4.5396	0.0001
Michael	122.0314	3.0438	0.0001

对 3 组点云数据通过 MPGA-ICP 算法的配准结果，从配准时间、配准误差和阈值 3 个方面进行比较分析。由图 6-4 及表 6-2 可知，在 MPGA-ICP 算法中针对 Wolf 点云数据配准，相对于 GA-ICP 算法 *RMSE* 值下降了 10.5300%；Cat 点云数据的配准由于非刚性形变较大，因此误差较大，但相对于 GA-ICP 算法 *RMSE* 值下降了 12.6680%；对于初始位置重叠部分较少但非刚性变化较小的 Michael 点云数据，MPGA-ICP 算法配准效果优于 GA-ICP 算法配准效果，相对于 GA-ICP 算法 *RMSE* 值下降了 20.7241%。总体而言，MPGA-ICP 算法相较于 GA-ICP 算法，提升了配准精度，使得配准效果有所改善，但计算过程更加复杂，配准时间相对较长。

6.3　实验及结果分析

为进一步验证 MPGA-ICP 算法的有效性，采用 PCL 官方点云数据库中的 Dinosaur（2002）点云数据模型进行实验，实验在 MATLAB2019b 版本下运行。分别采用 ICP 算法、GA-ICP 算法、MPGA-ICP 算法对同一点云数据进行配准，从配准时间和配准误差 2 个维度进行比对分析，截取了同一点云数据的 3 个不同视角，3 种算法对 Dinosaur 的点云数据配准结果如图 6-5 所示，其中，蓝色表示目标点云，紫色表示源点云，a 为 Dinosaur 在 3 个不同视角下的初始点云数据，b 为 Dinosaur 在对应视角下利用 ICP 算法的配准结果，c 为 Dinosaur 在对应视角下利用 GA-ICP 算法的配准结果，d 为 Dinosaur 在对应视角下利用 MPGA-ICP 算法的配准结果。

a Dinosaur在3个不同视角下的初始点云数据

b Dinosaur在对应视角下利用ICP算法的配准结果

c Dinosaur在对应视角下利用GA-ICP算法的配准结果

d Dinosaur在对应视角下利用MPGA-ICP算法的配准结果

图 6-5　3 种算法对 Dinosaur 点云的配准结果

采用ICP算法、GA-ICP算法、MPGA-ICP算法对Dinosaur点云数据配准的配准时间、配准误差和阈值如表6-3所示。

表6-3 采用ICP算法、GA-ICP算法、MPGA-ICP算法对Dinosaur点云数据配准的配准时间、配准误差和阈值

算法	配准时间/s	配准误差/mm	阈值
ICP	1.6046	0.0624	0.0001
GA-ICP	37.6981	2.8481×10^{-14}	0.0001
MPGA-ICP	38.8796	1.6481×10^{-14}	0.0001

由图6-5和表6-3可见，3种算法均配准成功，其中，ICP算法耗时最短，但配准误差最大；GA-ICP算法相对于ICP算法的配准误差大大降低，但配准时间较长，由于时间和误差相差过多，所以不具有可比性；MPGA-ICP算法相较于GA-ICP算法配准误差下降了42.1334%，配准时间仅上升了1.1815秒。综上所述，MPGA-ICP针对非刚性变换和刚性变换点云数据均可有效地提高配准精度，相比于ICP算法而言对配准误差改善效果明显，相比于GA-ICP算法而言，提高了点云的配准精度。

基于本章实验结果，以折线图给出3种算法在不同点云数据条件下的配准误差和配准时间，展示各种算法针对不同类型数据的配准精度及配准时间（图6-6、图6-7），就配准精度而言，针对4种不同点云数据MPGA-ICP算法相较于ICP算法和GA-ICP算法都有较明显的改善效果；就配准时间而言，MPGA-ICP算法相较于GA-ICP算法时间变化幅度较小。由此可见，MPGA-ICP算法可以在保持配准时间的条件下，提升配准精度。

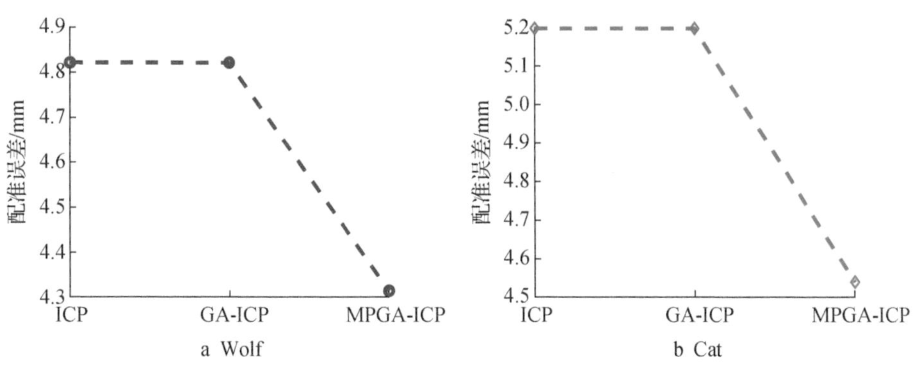

a Wolf　　b Cat

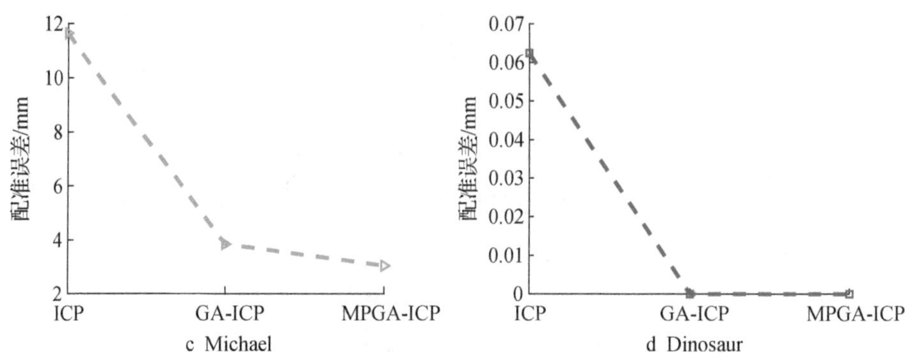

图 6–6 配准误差

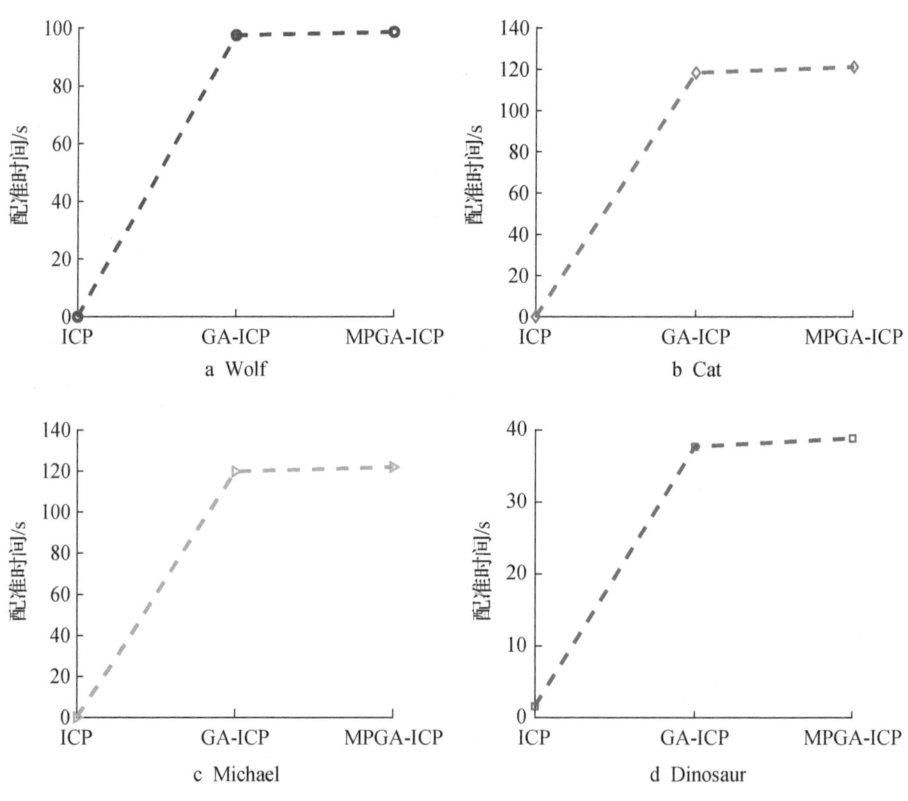

图 6–7 配准时间

6.4　本章小结

本章首先介绍了现有的基于 ICP 改进算法的改进方向及存在问题，并引出本章提出的基于多种群遗传算法的 ICP 配准算法；其次阐述了经典 ICP 点云配准算法的原理，对经典 ICP 算法进行复现，并对仿真结果进行数据分析；再次介绍了 GA-ICP 点云配准算法原理，对该算法进行复现并对仿真结果进行数据分析；最后重点介绍了本章提出的 MPGA-ICP 配准算法整体结构、原理和具体计算流程，并使用该方法对同一组点云数据进行配准，对实验结果进行了对比分析。

第7章　基于双通道最优选择的点云配准

现有传统点云配准算法及其改进算法，均是对点云配准的速度、精度和鲁棒性其中1~2个方面进行性能提升，具有较强的针对性，但缺乏普适性。加之实际获取到的点云数据存在缺失、噪声或位姿变换等，这些不确定因素使得点云数据配准的速度、精度和鲁棒性无法得到良好保障。受组合预测模型（凌立文，2019）的启发，本章提出了双通道最优选择（Dual Channel Optimal Selection，DCOS）模型，并针对点云配准精度及鲁棒性方面存在的缺陷提出解决方案。在单一点云配准算法中，不同的点云配准算法都有其优势及缺陷，双通道最优选择模型依据“取其精华，去其糟粕”的思想，结合了2种单一点云配准算法的优势，对不同类型的点云配准算法加以更好运用，从而依据实际需求使得三维点云配准精度和鲁棒性有所提升，且具有较好的普适性。

7.1　双通道最优选择模型

在考虑点云配准精度及鲁棒性的同时，还要对时间成本加以考虑，对于选择模型而言，多一条通道意味着算法的运行时间倍增，基于对时间的考虑，本章在组合预测模型原理的基础上建立双通道最优选择模型，以优化弥补单一模型存在的某一方面的缺陷，使每一个单一模型的优势得以保留，提高了点云配准精度。

7.1.1　组合预测模型

组合预测模型是由Bates和Granger于20世纪60年代提出的一种可优化单一预测模型性能的组合方法，由于单一预测模型只能体现出预测对象某一方面的信息，而利用单一模型的组合可使预测模型所包含的信息更加全面，从而提高预测精度，由此提出了组合预测模型（Bhattacharyya，1980；戴华娟，2007）。

下面基于点云数据配准应用领域对组合预测模型原理进行介绍：

假设存在多种点云数据配准算法 $p_i(i = 1,2,\cdots,n)$，其中 n 表示点云数据配准算法的数量，则有组合预测模型的一般形式如公式（7-1）所示。

$$\hat{P} = \sum_{i=1}^{n} \omega_i p_i = \omega_1 p_1 + \omega_2 p_2 + \cdots + \omega_n p_n, i = 1,2,\cdots,n。\tag{7-1}$$

其中，ω_i 表示对应第 i 个单一点云配准模型在组合预测模型中所占的权重，$\hat{P}$ 为 n 个不同点云配准算法乘以相应权重后的组合。

下面对组合预测模型误差评价方式进行介绍，设配准误差为 E，记 p_i 为第 i 个单一点云配准模型，ω_i 为其对应的权重值，E_i 表示第 i 个单一点云配准模型的误差向量，有 $E_i = (e_1,e_2,\cdots,e_n)^T$，$i = 1,2,\cdots,n$，则单一点云配准模型误差平方和为 $E_{ii} = E_i^T E_i$，协方差为 $E_{ij} = E_i^T E_j(i,j = 1,2,\cdots,n;i \neq j)$。已知 $\hat{P} = \sum_{i=1}^{n} \omega_i p_i$，则其对应误差为 $e_i = \hat{P} - p_i$，组合预测模型配准误差 E 的表达式及误差平方和 K 的表达式如公式（7-2）和公式（7-3）所示。

$$E = \sum_{i=1}^{n} \omega_i(\hat{P} - p_i) = \sum_{i=1}^{n} \omega_i e_i,\tag{7-2}$$

$$K = \sum_{i=1}^{n} E_i^{\ 2} = \sum_{i=1}^{n}\sum_{j=1}^{n} \omega_i e_i \omega_j e_j = \sum_{i=1}^{n}\sum_{j=1}^{n} \omega_i \omega_j E_{ij} = W^T E_n W。\tag{7-3}$$

其中，$W = (\omega_1,\omega_2,\cdots,\omega_n)$ 表示组合模型的权重向量，满足 $\sum_{i=1}^{n} \omega_i = 1$，$E_n$ 为误差协方差矩阵，$E_n = (E_{ij})_{n\times n}$，根据文献（刘素兵，2008）提出的预测模型，若 E_n 是正定矩阵，S_n 是对应元素均为 1 的 n 维列向量，则有组合预测的优化模型如公式（7-4）所示。

$$\begin{gathered}\min M = W^T E_n W,\\ \text{s. t. } S_n^T W = 1。\end{gathered}\tag{7-4}$$

上述优化模型在求解最优解时可能会出现负值，然而对于负权重值的预测模型学术界还未给出准确的定义。因此，将上述优化模型的权重加上一个约束条件以防负值出现，最终得到非负权重约束的组合预测的优化模型如公式（7-5）所示。

$$\begin{gathered}\min M = W^T E_n W,\\ \text{s. t. }\begin{cases} S_n^T W = 1 \\ W \geqslant 0 \end{cases}。\end{gathered}\tag{7-5}$$

7.1.2 双通道最优选择原理

现有点云配准算法都有其适用点云数据类型及应用领域，然而不同点云配准算法之间不是各司其职，而是存在一定的相关性，单一点云配准算法仅针对点云配准某方面的缺陷进行改进，针对不同种类点云数据或不同应用范围等问题的处理能力不足，具有一定的局限性。双通道选择模型可用于位姿不同的点云数据配准，采用 2 种不同的点云配准算法建立双通道的组合模型，可以在大量的点云数据中通过计算对应点的误差函数进行权重赋值，使点云配准精度更高。

针对不同点云配准算法，若因某一算法部分配准数据误差较大而将该方法排除，会导致点云配准结果中一些局部优秀数据丢失，从而使得有效点被直接丢弃（Bates et al.，2017）。由此提出双通道最优选择模型，将不同点云配准算法的优势进行综合考虑，对 2 种单一算法配准结果按权重组合，以提高配准精度。

本章通过双通道最优选择模型（DCOS）对 2 组点云数据进行配准，所以 7.1.1 小节中提及的 n 为定值，取 $n=2$，即 DCOS 模型的计算公式如（7-6）所示。

$$\hat{P} = \sum_{i=1}^{2} \omega_i p_i = \omega_1 p_1 + \omega_2 p_2 。\tag{7-6}$$

由公式（7-2）和公式（7-3）可得双通道最优选择模型的配准误差 E 和误差平方和 K 的表达式如公式（7-7）和公式（7-8）所示。

$$E = \omega_1(\hat{P} - p_1)\omega_2(\hat{P} - p_2) = \omega_1 e_1 \cdot \omega_2 e_2 ,\tag{7-7}$$

$$K = \sum_{i=1}^{2} E_i^{\ 2} = \sum_{i=1}^{2}\sum_{j=1}^{2} \omega_1 e_1 \omega_2 e_2 = \sum_{i=1}^{2}\sum_{j=1}^{2} \omega_1 \omega_2 E_{12} = W^T E_2 W 。\tag{7-8}$$

其中，$E_i = (e_1, e_2)^T$，误差 $e_1 = \hat{P} - p_1, e_2 = \hat{P} - p_2$，权重向量 $W = (\omega_1, \omega_2)$，权重满足 $\omega_1 + \omega_2 = 1$，误差协方差矩阵 $E_2 = (E_{12})_{2\times 2}$，最后得到 DCOS 模型如公式（7-8）所示。

$$\min M = W^T E_2 W,$$

$$\text{s. t.} \begin{cases} (1,1)^T W = 1 \\ W \geqslant 0 \end{cases} 。\tag{7-9}$$

DCOS 模型要求权重满足 $\omega_1 + \omega_2 = 1$ 且 $\omega_1, \omega_2 \in (0,1)$，由于点云数据为三维数据，需对三维数据进行降维操作，本章将三维数据信息转化为 3 个

坐标轴所对应的 x、y、z 3 个数值，将 2 组点云数据中对应点的 x、y、z 值的误差分别进行计算，通过误差最小值求取相应的 ω_1、ω_2 值，对 x、y、z 值分别赋予不同的权重，再进行求和运算。将 2 片点云中的优劣点进行加权组合，下面以 x 值为例，求得对应点 x 值之间的误差 E_x 及误差平方和 K_x，具体计算公式如公式（7–10）和公式（7–11）所示。

$$E_x = \omega_{x1}(\hat{P}_x - p_{x1})\omega_{x2}(\hat{P}_x - p_{x2}) = \omega_{x1}e_{x1} \cdot \omega_{x2}e_{x2}, \tag{7-10}$$

$$K_x = \sum_{i=1}^{2} E_{xi}^{\ 2} = \sum_{i=1}^{2}\sum_{j=1}^{2} \omega_{x1}e_{x1}\omega_{x2}e_{x2} = \sum_{i=1}^{2}\sum_{j=1}^{2} \omega_{x1}\omega_{x2}E_{x12} = W_x^T E_{x2} W_x。 \tag{7-11}$$

其中，$E_{xi} = (e_{x1}, e_{x2})^T$，误差 $e_{x1} = \hat{P}_x - p_{x1}, e_{x2} = \hat{P}_x - p_{x2}$，权重向量 $W_x = (\omega_{x1}, \omega_{x2})$，权重满足 $\omega_{x1} + \omega_{x2} = 1$，误差协方差矩阵 $E_{x2} = (E_{x12})_{2\times 2}$，则点云数据关于 x 值（有关 y 轴与 z 轴的对应公式与 x 轴同理）的 DCOS 模型如公式（7–12）所示。

$$\min M_x = W_x^T E_{x2} W_x,$$
$$\text{s. t.} \begin{cases} (1,1)^T W_x = 1 \\ W_x \geqslant 0 \end{cases}。 \tag{7-12}$$

7.2　基于双通道最优选择的点云配准方法

基于 7.1.2 小节介绍的双通道最优选择模型，本节给出一种基于双通道最优选择的点云配准方法。选取 2 个不同点云配准算法，使用选取的 2 种算法对源点云和目标点云同时进行配准，分别得到相应的配准结果，将 2 个配准结果代入双通道最优选择模型中，对 2 种算法依据公式（7–7）进行误差比对并赋予权重，利用公式（7–6）进行求和，配准结束。基于双通道最优选择的点云配准算法流程如图 7–1 所示。

由图 7–1 可知，已知 2 组点云数据，每一组点云数据中包含有 2 片点云，分别记为 P_1、Q_1、P_2、Q_2，其中，P_1 为第一组点云数据中的源点云，Q_1 为第一组点云数据中的目标点云；P_2 为第二组点云数据中的源点云，Q_2 为第二组点云数据中的目标点云。在本章提出的双通道最优选择算法中 Q_1 和 Q_2 采用同样的点云数据，所以统称为目标点云 Q，其中 P_1 和 P_2 可选择同一组点云数据也可以选择不同位姿的点云数据，以上点云数据均为三维的点集数据。依据点云数据类型及应用范围选择 2 种点云配准算法，分别记为点云配

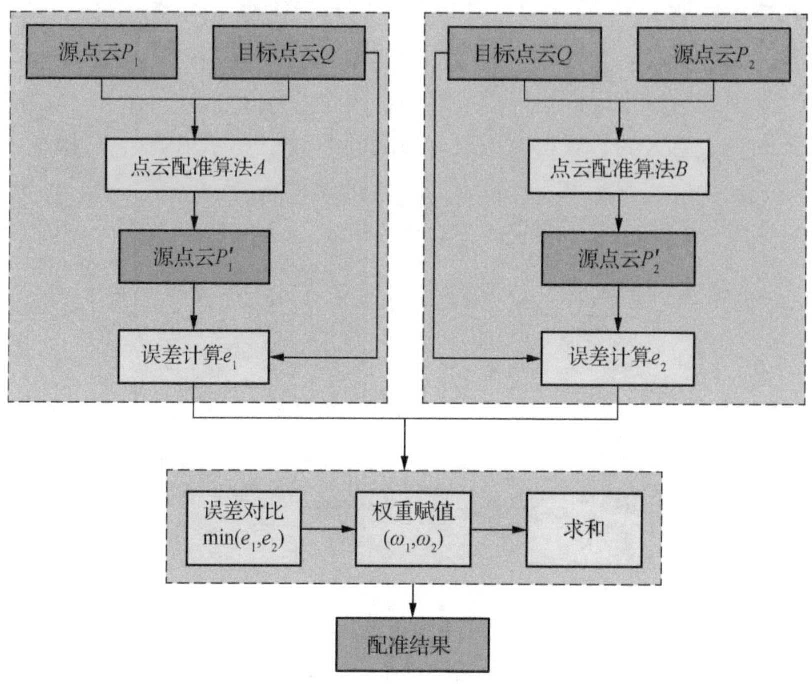

图 7–1　基于双通道最优选择的点云配准算法流程

准算法 A 和点云配准算法 B。算法 A 对源点云 P_1 和目标点云 Q 进行配准，算法 B 对源点云 P_2 和目标点云 Q 进行配准。将 2 组点云数据分别代入算法 A 和算法 B 中进行配准，算法 A 配准完成后得到源点云 P_1'，算法 B 配准完成后得到源点云 P_2'。利用公式（7–10）计算点云 P_1' 中点的坐标值与点云 Q 中点的坐标值之间的误差 e_A 及点云 P_2' 每一个点对应点云 Q 中点的误差 e_B。

双通道最优选择算法将经过点云配准算法 A 和点云配准算法 B 平移旋转后的目标点云与源点云之间的每一对点的坐标值之间的绝对误差进行计算，并比对大小，通过将比对结果依据误差值求取相应坐标值的权重，再对经过求权后的坐标值进行求和运算，以对应点的 x 值为例，如公式（7–13）所示。

$$\hat{P}_x = \sum_{i=1}^{N} \omega_{xAi} p_{xAi} + \omega_{xBi} p_{xBi} 。\tag{7–13}$$

其中，$\hat{P}$ 表示通过误差赋值权重后算法 A 与算法 B 配准结果对应 x 值的合集。ω_{xAi} 表示算法 A 中第 i 对点 x 值所对应的权重值，ω_{xBi} 表示算法 B 中第 i 对点 x 值所对应的权重值。

最后设定终止条件，基于双通道最优选择模型的点云配准算法的迭代次数与点云数据中点的个数有关，由于要将 2 组点云配准结果中的每一对点坐标值之间的误差进行计算并比对，因此源点云 P 中点的个数就是算法迭代的次数，若 $i<N$，则继续迭代计算；若 $i\geqslant N$，则迭代终止，配准完成。

配准误差函数，配准精度与误差值大小有关，首先求取配准结果对应点的绝对误差，如公式（7-14）所示。

$$\begin{cases} e_{Ai} = R_A p_i + T_A - q_i \\ e_{Bi} = R_B p_i + T_B - q_i \end{cases}, \ i = 1,2,\cdots,N。 \tag{7-14}$$

其中，R_A 表示利用算法 A 求取的旋转参数，T_A 表示利用算法 A 求取的平移参数，R_B 表示利用算法 B 求取的旋转参数，T_B 表示利用算法 B 求取的平移参数，N 表示待配准点云数据的点对数，e_{Ai} 表示算法 A 中第 i 对配准后源点与目标点之间的绝对误差，e_{Bi} 表示算法 B 中第 i 对配准后源点与目标点之间的误差，p_i 为源点云 P 中第 i 个点，q_i 为目标点云 Q 中第 i 个点，则误差函数如公式（7-15）所示。

$$RMSE = \sqrt{\frac{\sum_{i=1}^{N} (Rp_i + T - q_i)^2}{N}}。 \tag{7-15}$$

7.3　实验及结果分析

7.3.1　双通道模型选择及实现

本章采用 PCL 中斯坦福大学提供的 Lioness（3400）、Fish（91）、Buddha（61 512）三维点云数据进行仿真实验，其中 Lioness 是一组存在非刚性变换的点云数据，Fish 和 Buddha 分别为二维和三维的刚性变换点云数据。采用点云配准算法中常见的 CPD 算法、Scale-ICP 算法、GO-ICP 算法、GA-ICP 算法、MPGA-ICP 算法与 DCOS 算法的实验结果进行比较。

点云数据库中常用点云数据往往不存在遮挡与缺失，且点云数据中的目标点云与源点云之间的点是一一对应的，此处利用蓝色点表示目标点云，紫色点表示源点云，通过对源点云数据进行随机平移和旋转得到目标点云，并利用不同算法对点云数据进行配准，本小节将从非刚性变换的点云数据配准和刚性变换的点云数据配准 2 个方面进行实验比对。

7.3.1.1　非刚性变换的点云数据配准

Lioness 点云数据配准前的初始位姿如图 7–2 所示。

图 7–2　Lioness 点云数据配准前的初始位姿

对 Lioness 点云数据分别采用 CPD 算法、GO-ICP 算法、Scale-ICP 算法、MPGA-ICP 算法及本章所提 DCOS 算法进行点云配准，计算每一种算法对应的配准时间及配准误差，根据实验结果进行数据分析并选择 2 种算法，将选择的算法代入双通道最优选择模型进行配准，如图 7–3 所示，其中 a 为 CPD 算法的配准结果；b 为 GO-ICP 算法的配准结果；c 为 Scale-ICP 算法的配准

a CPD算法的配准结果　b GO-ICP算法的配准结果　c Scale-ICP算法的配准结果

d MPGA-ICP算法的配准结果　e $DCOS_1$算法的配准结果　f $DCOS_2$算法的配准结果

图 7–3　5 种算法对 Lioness 点云的配准结果

结果；d 为 MPGA-ICP 算法的配准结果；e 为 $DCOS_1$ 算法的配准结果；f 为 $DCOS_2$ 算法的配准结果。

5 种算法对 Lioness 点云数据配准的配准时间和配准误差如表 7-1 所示。

表 7-1　5 种算法对 Lioness 点云数据配准的配准时间和配准误差

算法	配准时间/s	配准误差/mm
CPD	1. 2621	4. 5655
GO-ICP	0. 2235	4. 4900
Scale-ICP	0. 7264	4. 3792
MPGA-ICP	59. 2737	4. 1963
$DCOS_1$	1. 2008	4. 2116
$DCOS_2$	59. 6809	4. 0854

根据表 7-1 中数据，首先对 CPD 算法、GO-ICP 算法、Scale-ICP 算法、MPGA-ICP 算法的配准结果进行比对分析，依据实际应用需求选取 2 种算法送入双通道最优选择模型进行配准。

从配准时间角度考虑，针对时间要求较高但精度要求不高的应用领域，CPD 算法配准误差最大；GO-ICP 算法配准时间最短，配准误差相对于 CPD 算法下降了 1. 6537%；Scale-ICP 算法配准误差相较于 GO-ICP 算法下降了 2. 4677%，配准时间仅为 CPD 算法的 57. 5549%；MPGA-ICP 算法配准误差最小，但配准时间最长，相较于 Scale-ICP 算法配准误差下降了 4. 1766%。考虑到对时间要求较高而精度要求不高的情况，综合比对 4 种算法的实验结果可得出 CPD 算法误差最高，MPGA-ICP 算法配准时间过长，因此最终选择 GO-ICP 算法和 Scale-ICP 算法代入双通道最优选择模型进行配准，经实验计算得出双通道单一模型权重为：GO-ICP 算法权重取值 0. 1357，Scale-ICP 算法权重取值 0. 8643，对应 $DCOS_1$ 算法配准误差为 4. 2116，相较于所选择的 GO-ICP 算法和 Scale-ICP 算法分别下降了 6. 2004% 和 3. 8272%，配准时间仅在 Scale-ICP 算法的基础上增加了 0. 4744 秒。

从配准误差角度考虑，针对精度要求较高但对配准时间没有限制的应用领域，不需要考虑时间成本，仅对精度有要求，依据表 7-1 中的数据，选取误差最小的 Scale-ICP 算法和 MPGA-ICP 算法代入双通道最优选择模型进行配准，经实验计算得出双通道单一模型权重为：Scale-ICP 算法权重取值

0.4945，MPGA-ICP 算法权重取值 0.5055，对应 $DCOS_2$ 算法配准误差为 4.0854，相较于所选择的 Scale-ICP 算法和 MPGA-ICP 算法配准误差分别下降了 6.7090% 和 2.6428%，配准时间仅在 MPGA-ICP 算法的基础上增加了 0.4072 秒。

7.3.1.2 刚性变换的点云数据配准

Fish 点云数据配准前的初始位姿如图 7-4 所示。

图 7-4 Fish 点云数据配准前的初始位姿

对 Fish 点云数据分别采用 CPD 算法、GO-ICP 算法、Scale-ICP 算法、GA-ICP 算法、MPGA-ICP 算法及本章所提到的 DCOS 算法进行点云配准，计算每一种算法对应的配准时间及配准误差，根据实验结果进行数据分析，依据实际需求选择 2 种合适的算法代入双通道最优选择模型进行配准如图 7-5 所示，其中 a 为 CPD 算法的配准结果；b 为 GO-ICP 算法的配准结果；c 为 Scale-ICP 算法的配准结果；d 为 GA-ICP 算法的配准结果；e 为 MPGA-ICP 算法的配准结果；f 为 DCOS 算法的配准结果。

6 种算法对 Fish 点云数据配准的配准时间和配准误差如表 7-2 所示。

表 7-2 6 种算法对 Fish 点云中数据配准的配准时间和配准误差

算法	配准时间/s	配准误差/mm
CPD	1.3485	4.2702×10^{-17}
GO-ICP	0.5485	3.6231×10^{-17}
Scale-ICP	0.3125	3.9284×10^{-17}

续表

算法	配准时间/s	配准误差/mm
GA-ICP	6.1562	6.1325×10^{-19}
MPGA-ICP	8.4791	5.5246×10^{-19}
DCOS	8.6917	4.8415×10^{-19}

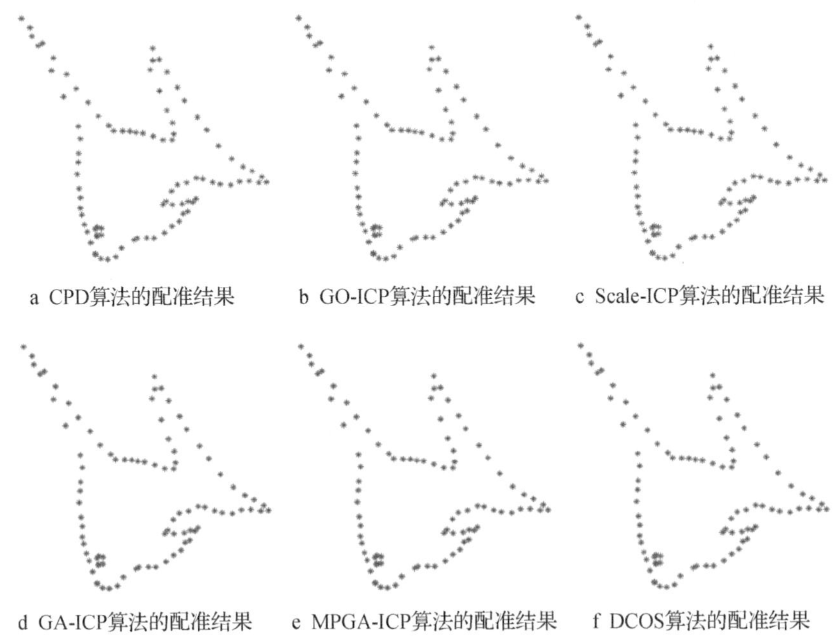

图 7-5　6 种算法对 Fish 点云的配准结果

根据表 7-2 中的数据，对 CPD 算法、GO-ICP 算法、Scale-ICP 算法、GA-ICP 算法、MPGA-ICP 算法配准结果进行比对分析，CPD 算法的误差最大且时间上不存在明显优势；GO-ICP 算法配准时间相对 CPD 算法有所减少，配准误差相对于 CPD 算法下降了 15.1539%；Scale-ICP 算法配准时间最短，但配准误差相对于 GO-ICP 算法上升了 8.4265%；GA-ICP 算法配准时间相对于以上 3 种算法较长，但配准误差相较于以上配准误差最小的 GO-ICP 算法降低到原来的 1/59 左右；MPGA-ICP 算法配准误差最小，相较于 GA-ICP 算法下降了 9.9128%，但配准时间最长，相比 GA-ICP 算法增加了 2.3229 秒。由于点云数据中点的数量较少，使得配准时间均为几秒钟，因此选择 GA-ICP 算法和 MPGA-ICP 算法 2 个配准误差较小的算法代入 DCOS 模型中进行配准，经实验计算得出双通道单一模型权重为：GA-ICP 算法权重取值 0.3846，MPGA-ICP 算法权重取值 0.6154，对应 DCOS 算法配准误差为 4.8415×10^{-19}，相较于所选择的 GA-ICP 算法和 MPGA-ICP 算法配准误差分别下降了 21.0518% 和 12.3647%，配准时间仅在 MPGA-ICP 算法的基础上增加了 0.2126 秒。

下面对三维刚性变换点云数据 Buddha 进行实验分析，Buddha 点云数据配准前的初始位姿如图 7–6 所示，6 种算法的 Buddha 点云数据配准结果如图 7–7 所示，其中，a 为 CPD 算法的配准结果；b 为 GO-ICP 算法的配准结果；c 为 Scale-ICP 算法的配准结果；d 为 GA-ICP 算法的配准结果；

图 7–6　Buddha 点云数据配准前的初始位姿

a CPD算法的配准结果

b GO-ICP算法的配准结果

c Scale-ICP算法的配准结果

d GA-ICP算法的配准结果

e MPGA-ICP算法的配准结果

f $DCOS_1$算法的配准结果

g $DCOS_2$算法的配准结果

图 7-7　6 种算法对 Buddha 点云的配准结果

e 为 MPGA-ICP 算法的配准结果；f 为 $DCOS_1$ 算法的配准结果；g 为 $DCOS_2$ 算法的配准结果。

6 种算法对 Buddha 点云数据配准的配准时间和配准误差如表 7-3 所示。

表 7-3　6 种算法对 Buddha 点云数据配准的配准时间和配准误差

算法	配准时间/s	配准误差/mm
CPD	60.0852	0.0189
GO-ICP	5.6544	0.2393
Scale-ICP	7.1331	0.0280
GA-ICP	927.3689	1.2495×10^{-15}
MPGA-ICP	1045.2561	1.1064×10^{-15}
$DCOS_1$	60.3470	0.0172
$DCOS_2$	1045.4925	1.0702×10^{-15}

根据表 7-3，首先对 CPD 算法、GO-ICP 算法、Scale-ICP 算法、GA-ICP 算法、MPGA-ICP 算法进行配准结果分析，依据实际应用需求选取 2 种算法送入双通道最优选择模型进行配准。

从配准时间角度考虑，针对时间要求较高但精度要求不高的应用领域。由于 GA-ICP 算法、MPGA-ICP 算法的配准时间过长而排除，由图 7-7b 可知，GO-ICP 算法配准失败，由于陷入局部最优解导致配准时间最短而配准误差最大；Scale-ICP 算法相较于 GO-ICP 算法配准误差下降了 88.2992%，配准时间远少于 CPD 算法。依据上述分析，最终选择 CPD 算法和 Scale-ICP 算法代入双通道最优选择模型进行配准，经实验计算得出双通道单一模型权重为：CPD 算法权重取值 0.8823，Scale-ICP 算法权重取值 0.1177。得出配准结果 $DCOS_1$ 算法配准误差最小，相较于所选择的 CPD 算法和 Scale-ICP 算法分别下降了 8.9947% 和 38.5714%，且配准时间仅在 CPD 算法的基础上增加了 0.2618 秒。

从配准误差角度考虑，针对精度要求较高但对配准时间没有限制的应用领域，若不需要考虑时间成本，则仅对精度有要求，依据表 7-3 可知，应选取误差较小的 GA-ICP 算法和 MPGA-ICP 算法代入双通道最优选择模型进行配准，经实验计算得出双通道单一模型权重为：GA-ICP 算法权重取值 0.4457，MPGA-ICP 算法权重取值 0.5543，对应 $DCOS_2$ 算法配准误差为 1.0702×10^{-15}，相较于所选择的 GA-ICP 算法和 MPGA-ICP 算法配准误差分别下降了 14.3497% 和 3.2719%，配准时间仅在 MPGA-ICP 算法的基础上增加了 0.2364 秒。

7.3.2 实验结果分析

鉴于 7.3.1 小节的实验结果，为了更直观地展示实验结果，此处以折线图的形式给出不同算法在不同点云数据条件下的配准误差及配准时间，并加以分析。

7.3.2.1 非刚性变换点云数据配准结果分析

图 7-8 展示了非刚性变换点云数据 Lioness 分别通过不同点云配准算法配准后的数据信息，其中，a 为 Lioness 点云数据利用 CPD 算法、GO-ICP 算法、Scale-ICP 算法、MPGA-ICP 算法配准后的配准误差；b 为利用 GO-ICP 算法、Scale-ICP 算法及代入 2 种算法后 $DCOS_1$ 算法配准后的配准误差；c 为利用 GO-ICP 算法、Scale-ICP 算法及代入 2 种算法后 $DCOS_1$ 算法配准后的配准时间；d 为利用 Scale-ICP 算法、MPGA-ICP 算法及代入 2 种算法后 $DCOS_2$ 算法配准后的配准误差；e 为利用 Scale-ICP 算法、MPGA-ICP 算法及代入 2 种算法后 $DCOS_2$ 算法配准后的配准时间。

针对非刚性变换点云数据的配准，MPGA-ICP 算法配准误差最小、精度最高，但配准时间过长（图 7-8、表 7-1）。若从时间角度考虑，则应选择

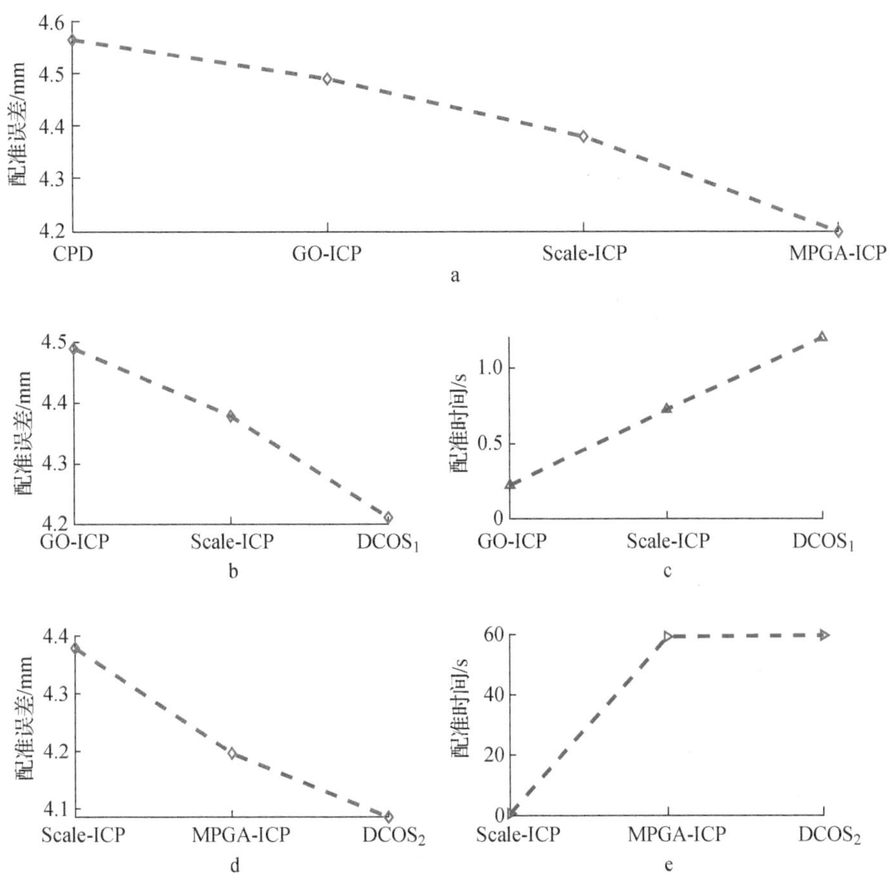

图 7-8　Lioness 点云数据配准结果

GO-ICP 算法和 Scale-ICP 算法代入 DCOS 模型进行配准，得到的配准结果如图 7-8 b 和图 7-8c 所示，可知 $DCOS_1$ 算法配准误差均小于所选的 2 种算法，且时间仅在单一算法时间上增加了 0.4744 秒；若从精度角度考虑，则应选择 Scale-ICP 算法和 MPGA-ICP 算法代入 DCOS 模型进行配准，得到的配准结果如图 7-8d 和图 7-8e 所示，可知 $DCOS_2$ 算法配准误差均小于所选的 2 种算法，且时间仅在单一算法时间上增加了 0.4072 秒。

7.3.2.2　二维刚性变换点云数据配准结果分析

图 7-9 展示了二维刚性变换点云数据 Fish 通过不同点云配准算法配准后的数据信息，其中，a 为 Fish 点云数据分别利用 CPD 算法、GO-ICP 算

法、Scale-ICP 算法、GA-ICP 算法、MPGA-ICP 算法配准后的配准误差；b 为分别利用 CPD 算法、GO-ICP 算法、Scale-ICP 算法、GA-ICP 算法、MPGA-ICP 算法配准后的配准时间；c 为利用 GA-ICP 算法、MPGA-ICP 算法及代入 2 种算法后 DCOS 算法配准后的配准误差；d 为利用 GA-ICP 算法、MPGA-ICP 算法及代入 2 种算法后 DCOS 算法配准后的配准时间。

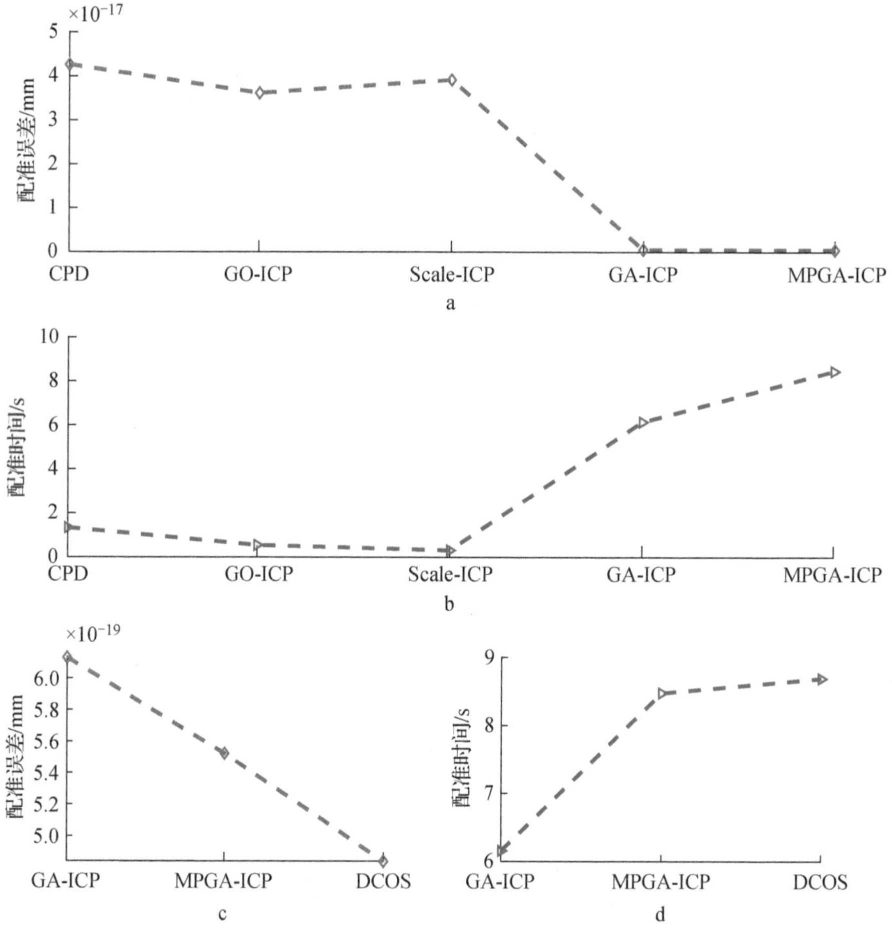

图 7-9　Fish 点云数据配准结果

由图 7-9 和表 7-2 可知，针对二维刚性变换点云数据的配准，MPGA-ICP 算法配准误差最小、精度最高，且 5 种算法配准时间都较短，则应选择 GA-ICP 算法和 MPGA-ICP 算法代入 DCOS 模型进行配准，得到的配准结果如图 7-9c 和图 7-9d 所示，可知 DCOS 算法配准误差均小于所选的 2 种算法，且时间仅在单一算法时间上增加了 0.2126 秒。

7.3.2.3　三维刚性变换点云数据配准结果分析

图 7-10 展示了三维刚性变换点云数据 Buddha 分别通过不同点云配准算法配准后的数据信息。a 为 Buddha 点云数据利用 CPD 算法、GO-ICP 算法、Scale-ICP 算法、GA-ICP 算法、MPGA-ICP 算法配准后的配准误差；b 为利用 CPD 算法、Scale-ICP 算法及代入 2 种算法后 $DCOS_1$ 算法配准后的配准误差；c 为利用 CPD 算法、Scale-ICP 算法及代入 2 种算法后 $DCOS_1$ 算法配准后的配准时间；d 为利用 GA-ICP 算法、MPGA-ICP 算法及代入 2 种算法后

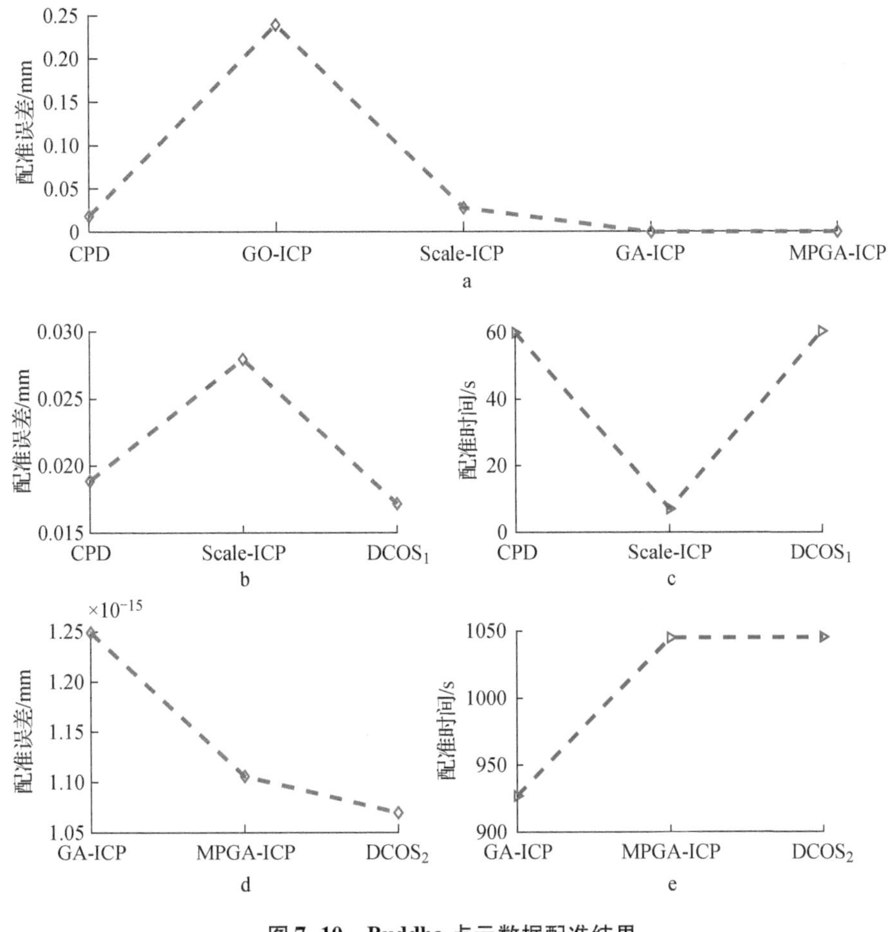

图 7-10　Buddha 点云数据配准结果

$DCOS_2$ 算法配准后的配准误差；e 为利用 GA-ICP 算法、MPGA-ICP 算法及代入 2 种算法后 $DCOS_2$ 算法配准后的配准时间。

由图 7-10 和表 7-3 可知，针对三维刚性变换点云数据的配准，MPGA-ICP 算法配准误差最小、精度最高，但由于点云数据中点的数量过多导致配准时间过长，若从时间角度考虑，则应选择 CPD 算法和 Scale-ICP 算法代入 DCOS 模型进行配准，得到的配准结果如图 7-10b 和图 7-10c 所示，可知 $DCOS_1$ 算法配准误差均小于所选的 2 种算法，且时间仅在单一算法时间上增加了 0.2618 秒；若从精度角度考虑，则应选择 GA-ICP 算法和 MPGA-ICP 算法代入 DCOS 模型进行配准，得到的配准结果如图 7-10d 和图 7-10e 所示，可知 $DCOS_2$ 算法配准误差均小于所选的 2 种算法，且时间仅在单一算法时间上增加了 0.2364 秒。

鉴于上述图表，证明了双通道最优选择的点云配准算法针对不同类型的点云数据，可在保持配准时间的前提下提升配准精度，具有较强的鲁棒性，该算法可针对不同点云数据及不同应用场景选择不同的算法送入 DCOS 模型进行配准，应用范围更加广泛，具有较强的普适性。

7.4　本章小结

本章介绍了传统三维点云配准方法的研究现状及存在的缺陷，以此引出本章提出的双通道最优选择模型，首先介绍了多通道选择模型的原理，并给出多通道选择模型的具体计算过程；然后基于多通道选择模型提出了双通道最优选择模型的原理及公式，并说明具体计算过程；最后对常见的几种点云配准算法进行仿真分析，依据不同数据类型的不同算法需求选择出合适的模型算法，代入双通道最优选择模型中对点云数据进行配准，验证了该方法可有效提高点云数据的配准精度和鲁棒性。

第 8 章　本书结论及趋势展望

8.1　本书结论

本书针对点云配准算法在实际工程中的应用难点，以进一步提高点云配准算法精度为出发点，基于经典点云配准算法，围绕点云配准算法中的关键技术问题，开展相关研究工作。本书首先对基于概率统计的三维点云配准方法进行了深入研究，并提出了 2 种新的基于统计学的点云配准方法；其次对经典点云配准算法进行了深入研究，提出了一种新的改进算法；最后针对现阶段点云配准算法鲁棒性差的问题，提出了一种基于双通道最优选择模型的点云配准方法。主要研究结论如下：

①基于数理统计的相关性，提出了一种基于核典型相关分析的点云配准算法。该算法以统计学中对来自同一物体的多组变量计算相关性的方法为基础，以最大化相关系数为目标，从而对点云刚性变换关系进行求解。通过仿真实验，利用开源数据与现场扫描数据在不同条件下同几种现有的统计学算法的配准结果进行对比，证明了该算法在提升配准效率和精度上得以同时满足。

②根据点云数据本身的概率分布特性，提出了基于柯西混合模型的点云配准算法。该算法的一个突出亮点在于不考虑两点云之间点的对应关系，只需要利用点云数据本身的概率分布对刚性变换关系进行求解，由于点的排列顺序、噪声及点的随机缺失不改变整体数据的概率分布，从而保障该算法的鲁棒性较好。通过仿真实验，利用开源数据与现场扫描数据在不同条件下同几种现有算法的配准结果进行对比，证明了该算法无论在速度还是精度上，均有较为明显的提高，并且该算法能有效配准放缩情况下的点云，且具备良好的抗噪能力。

③以基于遗传算法的点云数据配准方法为指导，提出了基于多种群遗传算法的 ICP 改进算法。该算法首先通过多种群遗传算法将待配准点云数据进

行分割；然后将分割得到的5组数据利用遗传算法进行优秀点集筛选，针对5组数据依据实验经验设定每组数据的遗传因子和移民算子值；最后将得到的5组优秀点集集合成下一代精华点集并代入ICP算法进行点云配准。实验结果表明，基于多种群遗传算法的ICP改进算法针对不同形变和点云数据条件下的配准鲁棒性较好，针对不同情况的点云数据仍能有效地提升点云配准的精度。

④针对现阶段点云配准算法鲁棒性差的特点，提出了基于双通道最优选择模型的点云配准方法。将组合预测模型拓展到三维点云配准领域，通过选择2种不同的点云配准算法并输入到双通道最优选择模型分别进行配准，获得2组单一模型配准后的点云数据，计算2组点云数据对应点与目标点之间的误差值，依据误差数值大小对点云数据赋予权重，最终将2组数据求和，完成配准，有效提高了点云配准精度。

8.2 趋势展望

本书对三维点云配准相关算法进行了详细研究，针对三维点云配准的配准精度及鲁棒性缺陷进行有效改进，但该领域仍面临着诸多挑战，由于作者能力有限，本书中的研究依然存在着一些问题亟待解决，主要体现在以下3个方面：

①针对三维点云配准算法，本书提出的MPGA-ICP算法虽然能在一定程度上提升配准精度，但是其中多种群的数量还可以进行优化，遗传因子数值的取值方式虽然具有普适性，但是无法一次性筛选出更为合适的遗传因子数值。此外，遗传算法在配准时间上较长，因此，改善算法数的选择方法及提升计算速度是未来的一个研究方向。

②本书提出了基于双通道最优选择模型的三维点云配准方法，可以有效地提高点云配准算法的鲁棒性，并使三维点云配准针对不同种类存在的问题更具普适性。但本书仅针对 $n=2$ 的情况进行实验分析，组合模型实际上可以实现多通道数据的组合，考虑到不同数量的模型组合也是一个新的探索领域。

③虽然双通道最优选择模型可有效提高点云数据配准的局限性，但是针对配准模型选择具有一定的要求，仅适用于配准误差在同一量级下的数据配准。对于配准误差相差较大的算法，容易出现二选一的情况，使得最终结果仅体现了效果较好的一组配准结果，无法对2组数据进行对比分析、取长补短，因此，就模型选择标准的通用方法可以开展更深入的研究。

参考文献

[1] AGARWAL V, AGRAWAL N. Hole filling method for triangular mesh generation [J]. International journal of innovative technology and exploring engineering, 2019, 8 (7): 1271 - 1276.

[2] SHOTARO A. A kernel method for canonical correlation analysis [C] //International Meeting of Psychometric Society. Osaka, 2001: 1 - 7.

[3] AOKI Y, GOFORTH H, SRIVATSAN R A. Pointnetlk: Robust & Efficient Point Cloud Registration Using Pointnet [C] //Proceedings of the IEEE/CVF Conference on Computer Vision and Pattern Recognition. IEEE Computer Society, 2019: 7163 - 7172.

[4] ARUN K S, HUANG T S, BLOSTEIN S D. Least-squares fitting of Two 3-D point sets [J]. IEEE transactions on pattern analysis and machine intelligence, 1987 (5): 698 - 700.

[5] BATES J M, GRANGER C W J. The combination of forecasts [J]. Journal of the operational research society (JORS), 1969, 20 (4): 451 - 468.

[6] BESL P, MCKAY N. A method for registration of 3-D shapes [J]. IEEE transactions on pattern analysis and machine intelligence, 1992, 14 (2): 239 - 256.

[7] BHATTACHARYYA M N. Lecture notes in economics and mathematical systems [M]. Berlin: Springer, 1980 : 20 - 24.

[8] BIBER P, STRASSER W. The normal distributions transform: a new approach to laser scan matching [C] //Proceedings 2003 IEEE/RSJ International conference on intelligent robots and systems (IROS 2003) (Cat. No. 03CH37453) . Las Vegas, NV, USA, 2003 (3): 2743 - 2748.

[9] BUTLER H, CHAMBERS B, HARTZELL P, et al. PDAL: an open source library for the processing and analysis of point clouds [J]. Computers & geosciences, 2021, 148 (12): 155 - 164.

[10] CAMPBELL D, PETERSSON L. GOGMA. Globally-Optimal Gaussian Mixture Alignment [C] //Proceedings of the IEEE Conference on Computer Vision and Pattern Recognition (CVPR) . IEEE, 2016: 5685 - 5694.

[11] CENSI A. An ICP variant using a Point-to-Line Metric [C] //IEEE International Confer-

ence on Robotics and Automation. IEEE, 2008: 19 – 25.

[12] CHUI H, RANGARAJAN A. A feature registration framework using mixture models [C] //Proceedings IEEE Workshop on Mathematical Methods in Biomedical Image Analysis. MMBIA – 2000 (Cat. No. PR00737) . IEEE, 2000: 190 – 197.

[13] COUVREUR C. The EM algorithm: a guided tour [M] //Computer Intensive Methods in Control and Signal Processing. Birkhäuser, Boston, MA, 1997: 209 – 222.

[14] CUI L, ZHANG G, WANG J. Hole repairing algorithm for 3D point cloud model of symmetrical objects grasped by the manipulator [J]. Sensors, 2021, 21 (22): 7558.

[15] DAS A, SERVOS J, WASLANDER S L. 3D scan registration using the normal distributions transform with ground segmentation and point cloud clustering [C] // 2013 IEEE International Conference on Robotics and Automation. IEEE, 2013.

[16] ELBAZ G, AVRAHAM T, FISCHER A. 3D Point Cloud registration for localization using a deep neural network auto-encoder [C] // Computer Vision & Pattern Recognition. IEEE Computer Society, 2017.

[17] FEI B, WHEATON A, LEE Z, et al. Automatic MR volume registration and its evaluation for the pelvis and prostate [J]. Physics in medicine & biology, 2002, 47 (5): 823.

[18] GHAHREMANI M, WILLIAMS K, CORKE F, et al. Direct and accurate feature extraction from 3D point clouds of plants using RANSAC [J]. Computers and electronics in agriculture, 2021, 187 (13): 106240.

[19] GONZALEZ-PEREZ I, FUENTES-AZNAR A. Reverse engineering of spiral bevel gear drives reconstructed from point clouds [J]. Mechanism and machine theory, 2022, 170: 104694.

[20] GRANGER S. Multi-scale EM-ICP: a fast and robust approach for surface registration [C] //European Conference on Computer Vision. Springer, Berlin, Heidelberg. IEEE 2002: 418 – 432.

[21] HALBER M, FUNKHOUSER T. Fine-To-Coarse global registration of RGB-D scans [C] //Proceedings of the IEEE Conference on Computer Vision and Pattern recognition. IEEE, 2017: 1755 – 1764.

[22] HARDOON D, SZEDMAK S, SHAWE-TAYLOR J. Canonical correlation analysis: An overview with application to learning methods [J]. Neural computation, 2004, 16 (12): 2639 – 2664.

[23] HE Y, LIANG B, YANG J, et al. An iterative closest points algorithm for registration of 3D laser scanner point clouds with geometric features [J]. Sensors, 2017, 17 (8): 1862.

[24] HEQIANG T, XIAOQING D, JIHU W, et al. Registration method for three-dimensional point cloud in rough and fine registrations based on principal component analysis and iterative closest point algorithm [J]. Traitement du signal, 2017, 34 (1-2): 57.

[25] HONG H, KIM H, LEE B. Accuracy evaluation of registration of 3D normal distributions transforms interpolated by overlapped regular cells [C] //18th International Conference on Control, Automation and Systems (ICCAS). IEEE, 2018: 1616-1619.

[26] HONG T P, PENG Y C, LIN W Y, et al. Empirical comparison of level-wise hierarchical multi-population genetic algorithm [J]. Journal of information and telecommunication, 2017, 1 (1): 66-78.

[27] HUGLI H, SCHUTZ C. Geometric matching of 3D objects: assessing the range of successful initial configurations [C] //Proceedings. International Conference on Recent Advances in 3-D Digital Imaging and Modeling (Cat. No. 97TB100134). IEEE, 1997: 101-106.

[28] ISMKHAN H. A novel intelligent algorithm to control mutation rate using the concept of local trap [J]. New generation computing, 2016, 34 (1): 177-192.

[29] JIAN B, VEMURI B C. Robust point set registration using gaussian mixture models [J]. IEEE transactions on pattern analysis & machine intelligence, 2011, 33 (8): 1633-1645.

[30] JIANG X, LIU M, HUANG Y, et al. Review on improved algorithms based on ICP algorithm [C] //2020 International Conference on Computer Engineering and Intelligent Control (ICCEIC). IEEE, 2020: 185-189.

[31] JOST T, HUGLI H. A multi-resolution scheme ICP algorithm for fast shape registration [C] //Proceedings. First International Symposium on 3D Data Processing Visualization and Transmission. IEEE, 2002: 540-543.

[32] KALAVADEKAR M P N, SANE S S. Effect of mutation and crossover probabilities on genetic algorithm and signature based intrusion detection system [J]. International journal of engineering & technology, 2018, 7 (4): 1011-1015.

[33] KURIYAMA S, TACHIBANA K. Polyhedral surface modeling with a diffusion system [C] //Computer Graphics Forum. Oxford, UK and Boston, USA: Blackwell Publishers Ltd, 1997 (16): 39-46.

[34] LAN D J, YANG C Z, UNIVERSITY Z, et al. The application of ICP algorithm in point cloud alignment [J]. Journal of image and graphics, 2007 (3): 517-521.

[35] LE V H, HAI V, NGUYEN T T, et al. Acquiring qualified samples for RANSAC using geometrical constraints [J]. Pattern recognition letters, 2018, 102 (1): 58-66.

[36] LÉTOFFÉ J M, CLAUDY P, VASSILAKIS D, et al. Antagonism between cloud point

and cold filter plugging point depressants in a diesel fuel [J]. Fuel, 1995, 74 (12): 1830 - 1833.

[37] LI Q, XIONG R, VIDAL-CALLEJA T. A GMM based uncertainty model for point clouds registration [J]. Robotics and autonomous systems, 2017, 91 (1): 349 - 362.

[38] LIN K P, HUANG S C, YU D C, et al. Automated image registration for fdopa pet studies [J]. Physics in medicine & biology, 1996, 41 (12): 2775 - 2788.

[39] LIU M, SHU Q, YANG Y X, et al. Three-dimensional point cloud registration based on independent component analysis [J]. Laser & optoelectronics progress, 2019, 56 (1) .

[40] LIU X, XIANG J J, TANG Y, et al. Colloidal gold nanoparticle probe-based immunochromatographic assay for the rapid detection of chromium ions in water and serum samples [J]. Analytica chimica acta, 2012, 745 (10): 99 - 105.

[41] LIU Y, ZHANG Q, LIN S. Improved ICP point cloud registration algorithm based on fast point feature histogram [J]. Laser & optoelectronics progress, 2021, 58 (6): 0611003.

[42] LOW K L. Linear least-squares optimization for point-to-plane icp surface registration [J]. Chapel Hill, 2004, 4 (10): 1 - 13.

[43] MAO L X, YIN Z B, XIONG W L. A global calibration method for multisensor metrology system [J]. China mechanical engineering, 2012, 23 (12): 14 - 28.

[44] MYRONENKO A, SONG X. Point-Set registration: coherent point drift [J]. IEEE transactions on pattern analysis & machine intelligence, 2009, 32 (12): 2262 - 2275.

[45] NAMOUCHI S, FARAH I R. Graph-Based classification and urban modeling of laser scanning and imagery: toward 3D smart web services [J]. Remote sensing, 2021, 14 (1): 114 - 131.

[46] NISHINO K, IKEUEHI K. Robust simultaneous registration of multiple range images comprising a large number of points [J]. Electronics and communications in Japan (Part II: Electronics) . 2004, 87 (8): 61 - 74.

[47] PALLETE F V. Embedded delaunay triangulations for point clouds of surfaces in R-3 [J]. Proceedings of the American Mathematical Society, 2020, 148 (12): 5457 - 5467.

[48] QIAN W, CHAI J, XU Z, et al. Differential evolution algorithm with multiple mutation strategies based on roulette wheel selection [J]. Applied intelligence, 2018, 48 (10): 3612 - 3629.

[49] QIU X Y, YAN Y A N, JIAN Y. Improved algorithm of iterative closest point based on the unit quaternion [J]. Microelectronics & computer, 2016, 33 (3): 111 - 115.

[50] RUSU R B, BLODOW N, MARTON Z C, et al. Aligning point cloud views using persistent feature histograms [C] //2008 IEEE/RSJ International Conference on Intelligent Robots and Systems. IEEE, 2008: 3384 - 3391.

[51] SEGAL A, HAEHNEL D, THRUN S. Generalized-icp [C] //Robotics: Science and Systems. 2009, 2 (4): 435.

[52] SHI C, WANG C, LIU X, et al. Three-dimensional point cloud denoising via a gravitational feature function [J]. Applied optics, 2022, 61 (6): 1331 - 1343.

[53] SHI X, LIU T, HAN X. Improved iterative closest point (ICP) 3D point cloud registration algorithm based on point cloud filtering and adaptive fireworks for coarse registration [J]. International journal of remote sensing, 2020, 41 (8): 3197 - 3220.

[54] TANG Z, LIU M, ZHAO F, et al. Toward a robust and fast real-time point cloud registration with factor analysis and Student' st mixture model [J]. Journal of real-time image processing, 2020, 17 (6): 2005 - 2014.

[55] WANG X, ZHANG X. Rigid 3D point cloud registration based on point feature histograms [C] //2017 2nd International Conference on Machinery, Electronics and Control Simulation (MECS 2017). Atlantis Press, 2017.

[56] WEINMANN M. Point cloud registration [M] //Reconstruction and analysis of 3D scenes. Berlin: Springer, Cham, 2016: 55 - 110.

[57] WOODS R P, MAZZIOTTA J C, CHERRY S R. MRI-PET registration with automated algorithm. [J]. J Comput Assist Tomogr, 1993, 17 (4): 536 - 546.

[58] XIE Z, XU S, LI X. A high-accuracy method for fine registration of overlapping point clouds [J]. Image and vision computing, 2010, 28 (4): 563 - 570.

[59] YAGHMAEE F, PEYVANDI K. Improving image inpainting quality by a new SVD-based decomposition [J]. Multimedia tools and applications, 2020, 79 (19): 13795 - 13809.

[60] YANG J, LI H, CAMPBELL D, et al. Go-ICP: a globally optimal solution to 3D ICP point-set registration [J]. IEEE transactions on pattern analysis and machine intelligence, 2015, 38 (11): 2241 - 2254.

[61] YANG J, WANG C, LUO W, et al. Research on point cloud registering method of tunneling roadway based on 3D NDT-ICP algorithm [J]. Sensors, 2021, 21 (13): 4448.

[62] YING S, PENG J, DU S, et al. A scale stretch method based on ICP for 3D data registration [J]. IEEE transactions on automation science and engineering, 2009, 6 (3): 559 - 565.

[63] ZHANG F, ZHANG C, YANG H, et al. Point cloud denoising with principal component analysis and a novel bilateral filter [J]. Traitement du signal, 2019, 36 (5): 393 -

398.

[64] ZHANG J, CHUNG H S H, LO W L. Clustering-based adaptive crossover and mutation probabilities for genetic algorithms [J]. IEEE transactions on evolutionary computation, 2007, 11 (3): 326 – 335.

[65] ZHANG J, QU S. Optimization of backpropagation neural network under the adaptive genetic algorithm [J]. Complexity, 2021, 2021 (10): 1 – 9.

[66] ZHAO X, WANG H, KOMURA T. Indexing 3d scenes using the interaction bisector surface [J]. ACM transactions on graphics (TOG), 2014, 33 (3): 22 – 37.

[67] 曹延祥，赵燕鹏，徐晓军，等．取点数目对基于 CT 导航股骨配准精度影响的研究 [J]. 中国数字医学，2016，11 (9)：67 – 70.

[68] 陈宜治．函数型数据分析若干方法及应用 [D]. 杭州：浙江工商大学，2011.

[69] 戴华娟．组合预测模型及其应用研究 [D]. 长沙：中南大学，2007.

[70] 付鲲，陈雷．基于曲率信息的人工蜂群点云配准算法 [J]. 计算机应用研究，2020，37 (4)：1 – 6.

[71] 郭浩，苏伟，朱德海，等．点云库 PCL 从入门到精通 [M]. 北京：机械工业出版社，2019.

[72] 何群，安骞，王森，等．露天采场验收测量的 SIFT-ICP 点云配准方法 [J]. 矿山测量，2018，46 (6)：68 – 72.

[73] 贾薇，舒勤，黄燕琴．基于 FPFH 的点云特征点提取算法 [J]. 计算机应用与软件，2020，37 (7)：6.

[74] 蒋悦，黄宏光，舒勤，等．高维正交子空间映射的尺度点云配准算法 [J]. 光学学报，2019，39 (3)：11.

[75] 黎春．三维点云自动配准算法研究 [D]. 重庆：重庆理工大学，2020.

[76] 李中才．改进的实数遗传算法在求解组合预测模型中的应用 [J]. 东北农业大学学报，2005，36 (6)：782 – 786.

[77] 林伟．基于特征提取与 GMM 算法的大数据集配准方法研究 [D]. 上海：上海大学，2013.

[78] 凌立文，张大斌．2019. 组合预测模型构建方法及其应用研究综述 [J]. 统计与决策，2019，35 (1)：18 – 23.

[79] 刘鸣，舒勤，杨赟秀，等．基于独立成分分析的三维点云配准算法 [J]. 激光与光电子学进展，2019，56 (1)：181 – 189.

[80] 刘素兵．组合预测模型的构建及其应用 [D]. 西安：西安理工大学，2008.

[81] 平雪良，耿鲁，华婷，等．遗传算法在点云配准技术中的应用 [J]. 机械科学与技术，2010，29 (6)：809 – 812，816.

[82] 沈萦华，李卓嘉，杨成，等．基于法向特征直方图的点云配准算法 [J]. 光学精密

工程，2015，23（10z）：598－591.

［83］舒程珣，何云涛，孙庆科．基于卷积神经网络的点云配准方法［J］．激光与光电子学进展，2017，54（3）：129－137.

［84］孙萃芳．07B 鞋楦模型参数化及快速制造研究［D］．石家庄：河北科技大学，2018.

［85］唐志荣，刘明哲，蒋悦，等．基于典型相关分析的点云配准算法［J］．中国激光，2019a，46（4）：173－181.

［86］唐志荣，刘明哲，王畅，等．基于多维混合柯西分布的点云配准［J］．光学学报，2019b，39（1）：398－410.

［87］唐志荣．三维激光点云统计配准算法研究［D］．成都：成都理工大学，2020.

［88］王畅，舒勤，杨赟秀，等．利用结构特征的点云快速配准算法［J］．光学学报，2018.，38（9）：175－182.

［89］肖俊，王培俊，李文涛，等．密度聚类与 PCA 的点云数据处理技术在高铁轨道检测中的应用［J］．铁道标准设计，2020，64（8）：37－42.

［90］熊风光．三维点云配准技术研究［D］．太原：中北大学，2018.

［91］许洁，梁久祯，吴秦，等．核典型相关分析特征融合方法及应用［J］．计算机科学，2016，43（1）：35－39.

［92］张少玉．基于 SIFT 特征点的点云配准方法［J］．计算机与数字工程，2018，46（3）：449－453.

［93］张晓娟，李忠科，王先泽，等．基于遗传算法的点云数据配准［J］．计算机工程，2012，38（21）：214－217.

［94］张哲，许宏丽，尹辉．一种基于关键点选择的快速点云配准算法［J］．激光与光电子学进展，2017，54（12）：155－163.

［95］赵凯，朱愿，谢枫．基于改进 RANSAC 的点云关键点匹配［J］．智能计算机与应用，2018，8（6）：18－21.

［96］赵宜鹏，孟磊，彭承靖．遗传算法原理与发展方向综述［J］．黑龙江科技信息，2010（13）：79－80.

［97］周文振，陈国良，杜珊珊，等．一种聚类改进的迭代最近点配准算法［J］．激光与光电子学进展，2016（5）：196－202.

［98］朱琛琛．基于 ICP 算法的点云配准研究［D］．郑州：郑州大学，2019.